目錄

CHAPTER 1 電學基本概念 1

CHAPTER 2 電阻 5

CHAPTER 3 串並聯電路 9

CHAPTER 4 直流網路分析 19

CHAPTER 5 電容及靜電 32

CHAPTER 6 電感及電磁 37

CHAPTER 7 直流暫態 42

CHAPTER 8 交流電 47

CHAPTER 9 基本交流電路 50

CHAPTER 10 交流電功率 57

CHAPTER 11 諧振電路 61

CHAPTER 12 交流電源 64

CHAPTER 13 工業安全衛生及電源使用安全 67

CHAPTER 14 常用家電量測 68

CHAPTER 15 電子儀表之使用 69

CHAPTER 16 常用家用電器之檢修 70

基本電學含實習 速攻講義（全）解答本

編 著 者	張立、旗立理工研究室
出 版 者	旗立資訊股份有限公司

住 址	台北市忠孝東路一段83號
電 話	(02)2322-4846
傳 真	(02)2322-4852
劃 撥 帳 號	18784411
帳 戶	旗立資訊股份有限公司
網 址	https://www.fisp.com.tw
電 子 郵 件	school@mail.fisp.com.tw
出 版 日 期	2025／5月初版
I S B N	978-986-385-388-6

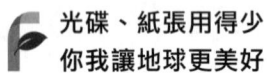
光碟、紙張用得少
你我讓地球更美好

Printed in Taiwan

※著作權所有，翻印必究

※本書如有缺頁或裝訂錯誤，請寄回更換

大專院校訂購旗立叢書，請與總經銷
旗標科技股份有限公司聯絡：
住址：台北市杭州南路一段15-1號19樓
電話：(02)2396-3257
傳真：(02)2321-2545

Chapter 1 電學基本概念

1-1 學生做

1. 電子。
2. 按照$2n^2$排列，M層為第3層，因此最大電子數為$2 \times 3^2 = 18$個電子，因此總帶電量為$18 \times -1.6 \times 10^{-19} = -2.88 \times 10^{-18}$庫倫。
3. $4 \times 3 - 2 = 10$個。

1-1 立即練習

2. 主層排列依序為$K = 2$，$L = 8$，$M = 4$（價電子數為4）為半導體。
4. 總電子數為$2 + 8 + 18 + 2 = 30$個；而中性元素的原子序 = 質子數 = 電子數。

1-2 學生做

1. 公分。
2. $0.00000001 = X \cdot 10^{-6} \Rightarrow X = 0.01$（係數）因此為$0.01\mu F$。
3. 燭光。
4. $30000000V = X \cdot M(V) \Rightarrow X = 30$（係數）因此為$30MV$。
   $30000000V = X \cdot G(V) \Rightarrow X = 0.03$（係數）因此為$0.03GV$。

1-2 立即練習

3. $\dfrac{10G}{m} = 10^{13}$
4. 170公分等於1.7公尺，
   1.7公尺 $= X \cdot$奈米 $\Rightarrow X = \dfrac{1.7}{10^{-9}} = 1.7G$

1-3 學生做

1. 1電子伏特（eV）$= 1.6 \times 10^{-19}$焦耳（J）因此1焦耳（J）$= 6.25 \times 10^{18}$電子伏特（eV）
2. 瓦特為電功率的單位。
3. $W = Q \cdot V \Rightarrow 10 = Q \times 2 \Rightarrow Q = 5$庫倫（C）

1-3 立即練習

3. $16\mu \times 6.25 \times 10^{18} = 10^{14} eV$
4. $6.25T \times 1.6 \times 10^{-19} = 1\mu J$
5. $0.24 \times 1.6 \times 10^{-19} = 3.84 \times 10^{-20}$焦耳
   $V = \dfrac{W}{Q} = \dfrac{3.84 \times 10^{-20}}{3.2 \times 10^{-21}} = 12V$

1-4 學生做

1. $I = n \cdot e \cdot v \cdot A$
   $= 2 \times 10^{25} \times 1.6 \times 10^{-19} \times \dfrac{2}{10^2} \times \dfrac{0.5}{10^4}$
   $= 3.2A$
2. 1小時有3600秒
   $Q = I \cdot t = 200\mu \times 3600 = 0.72C$
3. $\dfrac{1.8 \times 10^{10}}{3 \times 10^9} = 6$庫倫；且2分鐘等於120秒
   $I = \dfrac{Q}{t} = \dfrac{6}{120} = 0.05A = 50mA$
4. $Q = I \cdot t = 0.001 \times 60 = 0.06C$
   $= 3.75 \times 10^{17}$個

1-4 立即練習

1. $Q = I \cdot t \Rightarrow$ 電流 × 時間
2. $Q = I \cdot t \Rightarrow 20mA \cdot 60 = 1200mC$，
   $1200mC = 7.5 \times 10^{18}$個電子
3. $Q = 10^8 \times 1.6 \times 10^{-19} = 1.6 \times 10^{-11}$庫倫；
   $I = \dfrac{Q}{t} = \dfrac{1.6 \times 10^{-11}}{25 \times 10^{-6}} = 0.64\mu A$
4. $Q = I \cdot t = 5\mu A \cdot 1 = 5\mu C$，
   $5\mu \times 6.25 \times 10^{18} = 3.125 \times 10^{13}$個電子
5. $Q = I \cdot t = 2 \times 2 \times 60$(分)$\times 60$(秒)
   $= 14.4 \times 10^3$庫倫

1-5 學生做

1. $V_{DC} = V_D - V_C = 10V - 20V = -10V$
2. $W_{DC} = Q \times V_{DC} \Rightarrow 60 = 3 \times (V_D + 50)$
   $\Rightarrow V_D = -30V$
3. $V_a = V_c + V_{ac} = V_c + V_{bc} + V_{ab}$
   $= 0V + (-6V) + 4V = -2V$
   $V_d = V_c + V_{dc} = 0V + (-8V) = -8V$
   $V_{ad} = V_a - V_d = (-2V) - (-8V) = 6V$

1-5 立即練習　P.1-12

1. $V_{AB} = V_A - V_B = 8V \Rightarrow V_A = -2V$，
   $V_{CA} = 20V = V_C - (-2V) \Rightarrow V_C = 18V$

2. $W = Q \cdot V \Rightarrow 10 = 10^{-2} \times V$
   $\Rightarrow V = 1000$伏特（V）

4. $V_{eb} = V_{cb} + V_{dc} + V_{ed}$
   $= (-2V) + (8V) + (-4V) = 2V$

1-6 學生做　P.1-14

1. 每個月總度數 $= \dfrac{80}{1000} \times \dfrac{30}{60} \times 30 = 1.2$度

2. 每日度數 $= \dfrac{300}{1000} \times 2 + \dfrac{450}{1000} \times \dfrac{40}{60} + \dfrac{80 \times 8}{1000} \times 8$
   $= 6.02$度
   總度數 $= 6.02 \times 30 = 180.6$度
   1個月電費為 $180.6 \times 2.5 = 451.5$元

3. $\dfrac{640}{2} = 320$度電／月
   $100 \times 2 \times 2 + 100 \times 2.5 \times 2 + 100 \times 3 \times 2 + 20 \times 3.5 \times 2 = 1640$元

1-6 立即練習　P.1-15

1. $W = P \cdot t \Rightarrow 6000 = P \cdot 10$
   $\Rightarrow P = 600$瓦特（W）

2. $W = P \cdot t = 500 \times 20(分) \times 60(秒)$
   $= 0.6 \times 10^6$焦耳

3. $W = P \cdot t = V \cdot I \cdot t$
   $\Rightarrow 32 = 4 \times I \times 2 \Rightarrow I = 4A$

5. (A) $P = \dfrac{V^2}{R} \Rightarrow 2200 = \dfrac{220^2}{R} \Rightarrow R = 22\Omega$
   (B) $P = V \cdot I \Rightarrow 2200 = 220 \times I \Rightarrow I = 10A$
   (C) $\dfrac{2200}{1000} \times 5 = 11$度電
   (D) 瓦特數增加，電度增加

7. $W = P \cdot t \Rightarrow 2000 = P \times 5$
   $\Rightarrow P = 400$瓦特（W）
   $\dfrac{400}{1000} \times 10 = 4$度

1-7 學生做　P.1-17

1. 電動機規格250V/10A係指輸入功率
   輸入功率 $P_i = 250 \times 10 = 2500W$
   $\eta\% = \dfrac{P_i - P_{loss}}{P_i} \times 100\%$
   $= \dfrac{2500 - 500}{2500} \times 100\% = 80\%$

2. $\eta\% = \dfrac{P_i - P_{loss}}{P_i} \times 100\%$
   $\Rightarrow 80\% = \dfrac{100 \times 10 - P_{loss}}{100 \times 10} \times 100\%$
   電動機：$P_{loss} = 200W$
   （損失即為浪費）
   $\eta\% = \dfrac{P_o}{P_o + P_{loss}} \times 100\%$
   $\Rightarrow 85\% = \dfrac{850}{850 + P_{loss}} \times 100\%$
   發電機：$P_{loss} = 150W$
   （損失即為浪費）
   浪費 $\left(\dfrac{200}{1000} \times 5 + \dfrac{150}{1000} \times 8\right) \times 3 = 6.6$元

3. 總效率 $\eta_T = 50\% \times 60\% \times 80\% = 24\%$
   $\eta_T = \dfrac{W_o}{W_i} \times 100\% \Rightarrow 24\% = \dfrac{W_o}{300} \times 100\%$
   $\Rightarrow W_o = 72J$

1-7 立即練習　P.1-18

4. $P = V \cdot I \Rightarrow 12 = 12 \times I \Rightarrow I = 1A$；
   $\dfrac{80\text{安培} \cdot \text{小時}}{1\text{安培}} = 80$小時

5. $\eta\% = \dfrac{P_i - P_{loss}}{P_i} \times 100\%$
   $\Rightarrow 80\% = \dfrac{500 - P_{loss}}{500} \times 100\%$
   $\Rightarrow P_{loss} = 100$瓦特（W）

6. $W = P \cdot t = 12 \times 50 \times 60(分) \times 60(秒)$
   $= 2.16 \times 10^6$（焦耳）

7. $\eta\% = \dfrac{W_o}{W_i} \times 100\% \Rightarrow \dfrac{20kW \cdot 10hr}{W_i} = 0.8$
   $\Rightarrow W_i = 250kWH$

第 1 章　電學基本概念

綜合練習　P.1-19

2. 1個電子的帶電量為 1.6×10^{-19} 庫倫（負電），因此1庫倫有 6.25×10^{18} 個電子。

3. (1) 原子序為32，主層K-L-M-N依序分佈為 2-8-18-4（該元素為鍺半導體）

   (2) L層的電子數有8個，總帶電量為
   $-1.6 \times 10^{-19} \times 8 = -1.28 \times 10^{-18}$ 庫倫

   (3) 原子核帶正電，且原子為電中性，所以原子核的總帶電量為
   $32 \times 1.6 \times 10^{-19} = 5.12 \times 10^{-18}$ 庫倫

4. $\dfrac{3m - 600\mu}{10G} = \dfrac{3 \times 10^{-3} - 600 \times 10^{-6}}{10 \times 10^9}$
   $= \dfrac{2.4 \times 10^{-3}}{10 \times 10^9} = 0.24 \times 10^{-12}$
   $= 0.24p$

5. $1ns = 1000ps = 10^{-6}ms = 10^{-3}\mu s$

8. $W = Q \cdot V \Rightarrow 3 = 3 \times V \Rightarrow V = 1$ 伏特（V）

9. $W = QV$
   $\Rightarrow 2 \times 1.6 \times 10^{-19} = 1.6 \times 10^{-19} \times \Delta V$
   $\Rightarrow \Delta V = 2$ V
   $\therefore V_B = 4.5$ V

10. (1) $W = QV$
    $\Rightarrow 3.2 \times 1.6 \times 10^{-19} = 1.6 \times 10^{-19} \times V_B$
    $\Rightarrow V_B = 3.2$ V

    (2) B點移到A點需作功 3.2×10^{-19} 焦耳，即 $V_A > V_B$

    (3) $W = QV$
    $\Rightarrow 3.2 \times 10^{-19} = 1.6 \times 10^{-19} \times (V_A - V_B)$
    $\Rightarrow V_A = 5.2$ V

    (4) $V_{AB} = V_A - V_B = 5.2V - 3.2V = 2$ V
    相對的 $V_{BA} = -2$ V

11. $Q = I \cdot t \Rightarrow (800 - 200) = I \times 5 \times 60$
    $\Rightarrow I = 2A$

12. $I = \dfrac{Q}{t}$
    $= \dfrac{(1.25 \times 10^{16} + 1.25 \times 10^{16}) \times 1.6 \times 10^{-19}}{0.001}$
    $= 4A$（電流方向即為電洞移動的方向）

13. $I = nevA$
    $16mA = 10^{29} \times 1.6 \times 10^{-19} \times v \times 0.1 \times 10^{-4}$
    $v = 10^{-7}$ m/s

14. 接地點的位置改變，僅各點電位改變，但是電位差不變
    $V_{ae} = -4V$

17. $\dfrac{4000}{1000} \times \dfrac{30}{60} \times 2.3 \times 30 \times \dfrac{1}{4} = 34.5$ 元

18. $(\dfrac{100 \times 12}{1000} \times 8 + \dfrac{500 \times 6}{1000} \times 8 + \dfrac{3000 \times 1}{1000} \times 4) \times 30 \times 5$
    $= 6840$ 元

19. $(\dfrac{800000}{1000} \times 8 + \dfrac{400000}{1000} \times 4) \times 24 \times 5$
    $= 960000$ 元

22. $\dfrac{900mAH \times 3.6V}{0.036W} = 90H$（小時）

23. $\eta\% = \dfrac{P_o}{P_i} \times 100\% = \dfrac{1 \times 746}{110 \times 9} \times 100\%$
    $\approx 75\%$

108課綱統測試題　P.1-21

1. $W = Q \times \Delta V \Rightarrow 0.1 = 2 \times 10^{-3} \times \Delta V$
   $\Rightarrow \Delta V = 50$ 伏特
   所以b點的電位為10V

2. (1) c點移到b點需作負功20焦耳，則
   $W = QV \Rightarrow -20 = Q \times (10V - 20V)$
   $\Rightarrow Q = 2$ 庫倫（C）
   Q為正電荷

   (2) a點移到b點需作功64焦耳，則
   $W = QV \Rightarrow 64 = 2(10 - V_a)$
   $\Rightarrow V_a = -22$ V

   (3) $V_{ca} = V_c - V_a = 20V - (-22V)$
   $= 42$ V

3. (1) 總消耗的電度為
   $\dfrac{1200 \times 4}{1000} + \dfrac{100 \times 4 \times 10}{1000} = 8.8$ 度電／日

   (2) 30日的電費 $8.8 \times 3 \times 30 = 792$ 元

情境素養題

1. LED燈泡較白熾燈泡每1000小時，
   所節省的電費為 $\dfrac{50-20}{1000} \times 1000 \times 3 = 90$元

2. LED燈泡較白熾燈泡每1000小時的購置成本
   考慮下粗估回本的時間約略 $\dfrac{300-40}{90} \approx 2.88$
   千小時，因此假設燈泡使用t小時，且2000小時 ≤ t ≤ 3000小時，因此列方程式如下（含購置成本）：
   $(\dfrac{20}{1000} \times t \times 3 + 300 \times 1) \le (\dfrac{50}{1000} \times t \times 3 + 40 \times 3)$
   t ≥ 2000小時，因此在第2001小時起LED燈泡較白熾燈泡省錢（此時白熾燈總費用為420.15元，LED燈泡總費用為420.06元）

3. 在第2001小時起LED燈泡較白熾燈泡省錢，此時白熾燈泡已經用到第3顆燈泡。

4. $\dfrac{264 \times 3}{12} = 66$元

Chapter 2 電阻

2-1學生做

1. 8×10^{-6} 平方公尺 $= 8 \times 10^{-2}$ 平方公分
   $R = \rho \dfrac{\ell}{A} = 0.025 \times \dfrac{60}{8 \times 10^{-2}} = 18.75\Omega$

2. $90 \times N^2 = 270 \Rightarrow N = \sqrt{3}$ 倍

3. $\rho \dfrac{500}{3 \times 3 \times \pi} : \rho \dfrac{300}{2 \times 2 \times \pi} = 60 : R \Rightarrow R = 81\Omega$

4. $G = \dfrac{1}{R} = \dfrac{1}{0.25} = 4S$

5. $G = \sigma \dfrac{A}{\ell} = 5 \times 10^2 \times \dfrac{0.4}{0.2 \times 10^2} = 10S$

6. $\dfrac{6.301 \times 10^7}{5.96 \times 10^7} \times 100\% \approx 105\%$

2-1立即練習

1. $150 : R_B = \rho \dfrac{3}{1 \times 1 \times \pi} : \rho \dfrac{1}{2 \times 2 \times \pi}$
   $\Rightarrow 150 : R_B = 3 : \dfrac{1}{4} \Rightarrow R_B = 12.5\Omega$

2. $R_A : R_B = \rho \dfrac{300}{2} : \rho \dfrac{500}{5}$
   $\Rightarrow R_A : R_B = 3 : 2$

3. 電阻增加4倍，則導線需拉長2倍，因此需拉長至40cm。

4. 密度 $= \dfrac{質量}{體積}$
   $\Rightarrow$ 等重量且同材質表示體積相同
   $\rho \dfrac{2L}{\frac{1}{2}A} : \rho \dfrac{3L}{\frac{1}{3}A} = 4 : 9$

5. $G = 10S$，$R = \dfrac{1}{G} = \dfrac{1}{10} = 0.1\Omega$，
   均勻拉長$\sqrt{5}$倍
   電阻變為$0.1 \times (\sqrt{5})^2 = 0.5\Omega$

6. $100\Omega \times (\dfrac{25}{10})^2 = 625\Omega$

2-2學生做

1. 絕緣體為負電阻溫度係數。

2. 運用直線兩點式（斜率相同）
   $m = \dfrac{8-12}{20-10} = \dfrac{R-8}{30-20} \Rightarrow R = 4\Omega$

3. $\alpha_{40} = -\dfrac{1}{T_0 - 40} = -\dfrac{1}{80-40} = -\dfrac{1}{40}$

4. $\dfrac{12}{10} = \dfrac{80-T}{80-70} \Rightarrow T = 68°C$

2-2立即練習

2. $\alpha_{25°C} = 0.005 = \dfrac{1}{|T_0| + 25}$
   $\Rightarrow |T_0| = 175°C \Rightarrow T_0 = -175°C$

3. $\alpha_{25°C} = \dfrac{\Delta R}{\Delta T} \times \dfrac{1}{R_1} = \dfrac{0.45-0.4}{75-25} \times \dfrac{1}{0.4}$
   $= 0.0025$

4. $\dfrac{98}{90} = \dfrac{234.5 + T}{234.5 + 35.5} \Rightarrow T = 59.5°C$
   $\Rightarrow 59.5 - 35.5 = 24$

5. $\alpha_{20} = \dfrac{\Delta R}{\Delta T} \cdot \dfrac{1}{R_1} = \dfrac{12-15}{50-20} \times \dfrac{1}{15} = -\dfrac{1}{150}$

2-3學生做

1. $10 \times 10^{-1} \pm 10\% = 1\Omega \pm 10\%$

2. $31 \times 10^0 \pm 5\% = 31\Omega \pm 5\%$
   $R_{min} = 31 \times (1 - 5\%) = 29.45\Omega$

3. $R = \dfrac{V}{I} = \dfrac{36}{4} = 9\Omega$

4. $P = \dfrac{V^2}{R} = \dfrac{10^2}{1 \pm 5\%}$
   $= \dfrac{100}{1.05} \sim \dfrac{100}{0.95} \approx 95.2W \sim 105.3W$

5. $P = I^2 R \Rightarrow I = \sqrt{\dfrac{P}{R}} = \sqrt{\dfrac{220}{55}} = 2A$

2-3立即練習 P.2-10

1. $R = 20 \times 10^{-1} \pm 20\% = 2\Omega \pm 20\%$；
   $1.6\Omega \leq R \leq 2.4\Omega$；
   $\frac{3}{2.4} \leq I \leq \frac{3}{1.6} \Rightarrow 1.25A \leq I \leq 1.875A$

2. $R = 30 \times 10^{-1} \pm 20\% = 3\Omega \pm 20\%$；
   $R_{min} = 3 \times (1-20\%) = 2.4\Omega$；
   $P_{max} = \frac{V^2}{R_{min}} = \frac{1.2^2}{2.4} = 0.6W$

3. $P = \frac{V^2}{R} \Rightarrow 100 = \frac{110^2}{R} \Rightarrow R = 121\Omega$

4. $P = I^2 R$
   $\Rightarrow I = \sqrt{\frac{0.2}{1000}} = \frac{\sqrt{2}}{100} = 14.14 mA$

5. $P = \frac{V^2}{R} \Rightarrow R = \frac{220^2}{4000} = 12.1\Omega$，
   減去$\frac{1}{5}$電阻為9.68Ω，
   $P = \frac{V^2}{R} = \frac{110^2}{9.68} = 1250W$

2-4學生做 P.2-11

1. $H = m \cdot s \cdot \Delta T$
   $= 1000 \times 1 \times (60-25) = 35000$卡

2. $H = 0.24 \cdot \frac{V^2}{R} \cdot t$
   $= 0.24 \times \frac{10^2}{8} \times 2 \times 60 = 360$卡

3. $H = 0.24 P \cdot t = m \cdot s \cdot \Delta T$
   $0.24 \times 2000 \times 0.8 \times t = 960 \times 1 \times (60-25)$
   $t = 87.5$秒

2-4立即練習 P.2-12

1. $H = 0.24P \cdot t = m \cdot s \cdot \Delta T$
   $\Rightarrow 0.24 \cdot \frac{200^2}{R} \cdot 20(分) \cdot 60(秒)$
   $= 2400(公克) \times 1 \times (70-20)$
   $\Rightarrow R = 96\Omega$

2. $0.24 \cdot P \cdot 30(分) \cdot 60(秒) \times 0.85$
   $= 54000(公克) \times 1 \times (49-15)$
   $\Rightarrow P = 5000W$

4. **解一** 1度電等於3.6×10^6焦耳（J）；
   且1BTU等於1055焦耳，
   因此$\frac{3.6 \times 10^6}{1055} \approx 3412$BTU。

   解二 1度電 $= 3.6 \times 10^6$焦耳
   $= 0.24 \times 3.6 \times 10^6$卡
   $= 0.24 \times 3.6 \times 10^6 \times \frac{1}{252}$BTU
   ≈ 3429 BTU

綜合練習 P.2-13

1. $R = \rho \frac{\ell}{A}$
   $= 1.68 \times 10^{-7} \Omega \cdot m \times \frac{10000m}{6 \times 10^{-6} m^2}$
   $= 280\Omega$

6. $R = 2.5 \times 1.2^2 = 3.6\Omega$

7. $R_a : R_b = \rho \frac{\ell}{A} : \rho \frac{\ell}{A}$
   $\Rightarrow R_a : R_b = \rho \frac{4}{2} : \rho \frac{1}{1} = 2 : 1$

8. 原電阻為$\frac{100}{16} = 6.25\Omega$，
   拉長兩倍後電阻變為$6.25 \times 2^2 = 25\Omega$，
   $I = \frac{100}{25} = 4A$

9. $9 = 1 \times n^2 \Rightarrow n = 3$
   因此長度需拉長至300公尺

10. $T_0 = -\frac{1}{0.002} = -500°C$；
    斜率$m = \frac{20}{500} = \frac{R}{500+80} \Rightarrow R = 23.2\Omega$

13. 斜率相同$m = \alpha_{35°C} R_{35°C} = \alpha_{65°C} R_{65°C}$
    $\Rightarrow -0.025 \times 10 = -0.1 \times R_{65°C}$
    $\Rightarrow R_{65°C} = 2.5\Omega$
    或$R_2 = R_1 \cdot [1 + \alpha_1 \cdot (T_2 - T_1)]$
    $= 10 \times [1 - 0.025 \times (65-35)] = 2.5\Omega$

第 2 章　電阻

14. (A) $R = \rho\dfrac{\ell}{A} = \rho \times \dfrac{\ell}{(\dfrac{D}{2})^2 \times \pi \times 10^{-6}}$

$= \dfrac{4\rho\ell}{\pi D^2}$ MΩ

(B) 減去四分之一，電阻剩下四分之三，

所以 $\dfrac{3}{4}R = \dfrac{3\rho\ell}{\pi D^2}$ MΩ

(C) 若導線被均勻拉長為原來N倍，

電阻為原來的N^2倍，即$\dfrac{N^2 \times 4\rho\ell}{\pi D^2}$ MΩ

(D) 溫度由t_1增加到t_2，

則 $\dfrac{4\rho\ell}{\pi D^2} : R' = (234.5 + t_1) : (234.5 + t_2)$

$\Rightarrow R' = \dfrac{4\rho\ell}{\pi D^2} \times \dfrac{(234.5 + t_2)}{(234.5 + t_1)}$

$= \dfrac{4\rho\ell}{\pi D^2} \times \dfrac{(1 + \dfrac{t_2}{234.5})}{(1 + \dfrac{t_1}{234.5})}$ MΩ

15. $\alpha_{30°C} = m \times \dfrac{1}{R_{30°C}}$

$= \dfrac{6Ω - 3Ω}{150°C - 30°C} \times \dfrac{1}{3Ω} = (\dfrac{1}{120})°C^{-1}$

17. $40 \times 10^{-1} \pm 20\% = 4Ω \pm 20\%$

18. $P = \dfrac{V^2}{R} \Rightarrow 0.5 = \dfrac{2^2}{R}$

$\Rightarrow R = 8Ω$（灰黑金金）

19. $m = \dfrac{\Delta y}{\Delta x} = \dfrac{\Delta I}{\Delta V} = \dfrac{1}{R} = G$（電導）

20. $P = \dfrac{V^2}{R} \Rightarrow 1200 = \dfrac{200^2}{R} \Rightarrow R = \dfrac{100}{3}Ω$

$R = \rho\dfrac{\ell}{A} \Rightarrow$ 減去$\dfrac{2}{5}$後電阻變為20Ω（$R \propto \ell$）

$P = \dfrac{V^2}{R} = \dfrac{80^2}{20} = 320W$

21. $P = V \times I \Rightarrow 60 = 110 \times I \Rightarrow I \approx 545 mA$

23. $60kΩ // 30kΩ = 20kΩ$，
相當於色碼為紅黑橙金。

24. $R = \dfrac{V}{I} = \dfrac{1.5}{0.15} = 10Ω$，

因此電阻的色環可能為棕黑黑銀。

25. $H = 0.24P \cdot t = m \cdot s \cdot \Delta T$

$\Rightarrow 0.24 \cdot 2.5^2 \cdot 100 \cdot 10(分) \cdot 60(秒)$

$= m \times 1 \times (85 - 35)$

$\Rightarrow m = 1800(公克)$

26. $H = m \cdot s \cdot \Delta T = 0.24 \cdot P \cdot t$

$\Rightarrow 10 \times 1000(克) \times 1 \times \Delta T$

$= 0.24 \times 1000(瓦) \times 10(分) \times 60(秒)$

$\Rightarrow \Delta T = 14.4°C$

27. (1) $m \times s \times \Delta T = 0.24Pt$

$\Rightarrow 10000 \times 1 \times \Delta T = 0.24 \times 100 \times 10 \times 60 \times 60$

$\Rightarrow \Delta T = 86.4 \,°C$

水溫變為96.4°C

(2) $\dfrac{100 \times 10}{1000} \times 1 = 1\,kWH$（1度電）

108課綱統測試題　P.1-16

1. (1) $P = \dfrac{V^2}{R} \Rightarrow R = \dfrac{120^2}{600} = 24Ω$

(2) 剩下$\dfrac{2}{3}$的電阻為$24 \times \dfrac{2}{3} = 16Ω$

(3) 電阻$P = \dfrac{V^2}{R} = \dfrac{48^2}{16} = 144W$

2. (1) 色碼電阻為$110 \times 10^3 \pm 0.5\% \approx 110kΩ$

(2) 安培計Ⓐ的讀值約為

$I_C = \dfrac{110V}{110kΩ} = 1mA$

3. $R_a : R_b = \rho\dfrac{\ell_a}{A_a} : \rho\dfrac{\ell_b}{A_b} = \rho\dfrac{2}{4} : \rho\dfrac{1}{1} = 1 : 2$

4. $R = \dfrac{V}{I} = \dfrac{12.4V}{20mA} = 620Ω$，

色碼電阻的色環依序（第一環至第五環）可能為藍紅黑黑棕。

5. (1) 假設零電阻溫度為$-T_0$，可列出方程式：

$\dfrac{10}{20 + |T_0|} = \dfrac{11}{40 + |T_0|} \Rightarrow T_0 = -180°C$

(2) $\dfrac{10}{20 + |-180|} = \dfrac{R_{80°C}}{80 + |-180|}$

$\Rightarrow R_{80°C} = 13Ω$

6. (1) 紅綠黑黑棕的電阻值為
$250 \times 10^0 \pm 1\% = 250 \pm 1\%$ 歐姆
範圍為 $247.5\Omega \sim 252.5\Omega$

(2) 消耗的最大功率
$P_{max} = \dfrac{V^2}{R_{min}} = \dfrac{5^2}{247.5} \approx 0.1W$

7. (1) 均勻拉長前之電阻值
$R = \dfrac{V}{I} = \dfrac{120V}{12A} = 10\,\Omega$

(2) 均勻拉長兩倍之電阻
$R' = N^2 R = 2^2 \times 10 = 40\,\Omega$

(3) 加上120V電壓時通過的電流
$I = \dfrac{V}{R} = \dfrac{120V}{40\Omega} = 3\,A$

情境素養題

1. 電阻係數愈小，電阻愈小，則燈泡愈亮。

2. 電阻係數愈大，電阻愈大，則燈泡愈暗。

3. $Q = It$，串聯電路的電流皆相同，所以電荷量相同。

Chapter 3 串並聯電路

3-1 學生做

1. (1) 總電阻 $R_T = 2 + 4 + 3 = 9\Omega$

   (2) 總電流 $I_T = \dfrac{E}{R_T} = \dfrac{18}{9} = 2A$

   (3) $\begin{cases} V_1 = -2 \times 4 = -8V（和原極性標示相反）\\ V_2 = 2 \times 3 = 6V \end{cases}$

   (4) 電阻 2Ω 消耗 $P_{2\Omega} = I_T^2 R = 2^2 \times 2 = 8W$

2.

   (1) 總電流 $I_T = -\dfrac{8}{4} = -2A$（與標示相反）

   (2) 總電阻 $R_T = \dfrac{V_T}{I_T} = \dfrac{30}{2} = 15\Omega$

   (3) 電阻 $R = 15 - 1 - 7 - 4 = 3\Omega$

   (4) $\begin{cases} 電位 V_b = -16V \\ 電位差 V_{ad} = V_a - V_d = -2 - 8 = -10V \end{cases}$

3. A燈泡的內阻 $R = \dfrac{V^2}{P} = \dfrac{110^2}{100} = 121\Omega$

   B燈泡的內阻 $R = \dfrac{V^2}{P} = \dfrac{110^2}{40} = 302.5\Omega$

   $I = \dfrac{220}{121 + 302.5} \approx 0.52A$

   $P_B = I^2 R = 0.52^2 \times 302.5 = 81.8W$（燒毀）
   P_A（不亮，電路開路）

4. $I = \dfrac{50}{200k\Omega} = 0.25mA$

   $I = \dfrac{90}{450k\Omega} = 0.2mA$

   以最小額定電流的伏特計為基準，因此
   $V = 0.2mA \times (200k\Omega + 450k\Omega) = 130V$

5. $P = I^2 R \Rightarrow I^2 = \dfrac{9}{75k} = 0.12m$

   $P = I^2 R \Rightarrow I^2 = \dfrac{2}{25k} = 0.08m$（以此為主）

   $P = I^2 R \Rightarrow P = 0.08m(A)^2 \times 100k\Omega = 8W$
   規格為 $100k\Omega / 8W$

6. 電壓錶內阻為 $20k\Omega / V \times 10V = 200k\Omega$

   電流 $I = \dfrac{120}{400k + (200k // 200k)} = 0.24mA$

   電壓錶讀值 $V = 0.24m \times (200k // 200k) = 24V$

7. $R = \left(\dfrac{V}{V_F} - 1\right) \times r = \left(\dfrac{1000}{250} - 1\right) \times 25k\Omega$
   $= 75k\Omega$

8. $V = \left(\dfrac{R}{r} + 1\right) \times V_F = \left(\dfrac{75k\Omega}{15k\Omega} + 1\right) \times 60V$
   $= 360V$

3-1 立即練習

1. (1) $I = \dfrac{18}{9} = 2A$

   (2) $E = I \cdot R = 2 \times (1 + 3 + 4 + 9) = 34V$

2. 串聯電流相同

   (1) $P = I^2 R \Rightarrow 27 = I^2 \times 3 \Rightarrow I = 3A$

   (2) $E = I \cdot R = 3 \times (1 + 4 + 2 + 3 + 5) = 45V$

3. $I = \dfrac{11}{1 + 2 + 3 + 5} = 1A$，

   $V_A = \begin{cases} (1) 逆時針：0V - 3V - 2V + 11V = 6V \\ (2) 順時針：5V + 1V = 6V \end{cases}$

5. $P = I^2 R$

   $\Rightarrow I^2 = \dfrac{P}{R} \begin{cases} (1) 2\Omega / 5W \Rightarrow I^2 = 2.5 \\ (2) 2\Omega / 3W \Rightarrow I^2 = 1.5 \\ (3) 2\Omega / 6W \Rightarrow I^2 = 3.0 \end{cases}$

   $\Rightarrow V = I \cdot R = \sqrt{1.5} \times (2 + 2 + 2) = 3\sqrt{6}V$

6. 串聯電路根據分壓定則，可得知電阻比相當於電壓比，因此 $4 : 7 = 10 : V_{R2} \Rightarrow V_{R2} = 17.5V$

7. 串聯電路中的電阻比相當於分壓比，
   $R_1 : R_2 = V_{R_1} : V_{R_2}$
   $\Rightarrow 1 : 4 = 10 : V_{R_2} \Rightarrow V_{R_2} = 40V$

   $P = \dfrac{V^2}{R} \Rightarrow 25 = \dfrac{40^2}{R_2} \Rightarrow R_2 = 64\Omega$

8. 串聯電路中的電阻比相當於分壓比，
   $R_1 : R_2 = V_{R_1} : V_{R_2}$
   $\Rightarrow 3 : 2 = 15 : V_{R_2} \Rightarrow V_{R_2} = 10V$
   $P = V \cdot I \Rightarrow 30 = 10 \times I \Rightarrow I = 3A$
   $R_1 = \dfrac{V_{R_1}}{I} = \dfrac{15}{3} = 5\Omega$

9. $P = I^2R \Rightarrow 200 = I^2 \times 8 \Rightarrow I = 5A$，
因$R_1 : R_2 : R_3 : R_4 = 1 : 2 : 3 : 4$，
且最大電阻為8Ω，
因此總電阻$R_T = (2 + 4 + 6 + 8) = 20\Omega$，
故電源電壓$V_S = 5 \times 20 = 100V$

3-2學生做

1.

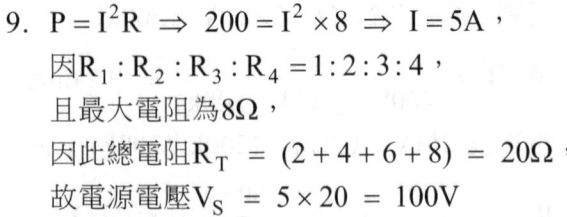

(1) 迴路①：Σ電壓升 = Σ電壓降
$0 = 6 + V_B + 8 + V_A + 5$
$\Rightarrow V_A + V_B = -19V$

(2) 迴路②：Σ電壓升 = Σ電壓降
$2 = V_C + 4 + V_B + 8$
$\Rightarrow V_B + V_C = -10V$

(3) 迴路③：Σ電壓升 = Σ電壓降
$4 + V_C = 2 + V_A + 5 + 6$
$\Rightarrow V_A - V_C = -9V$

可得：$V_A = -11V$；$V_B = -8V$；$V_C = -2V$

2.

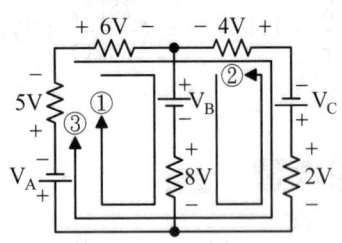

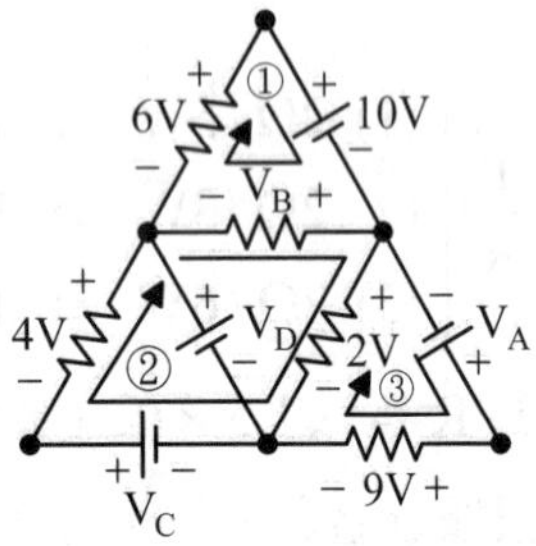

(1) 迴路①：Σ電壓升 = Σ電壓降
$6 = 10 + V_B \Rightarrow V_B = -4V$

(2) 迴路②：Σ電壓升 = Σ電壓降
$V_C + 4 = 4 + 2 \Rightarrow V_C = 2V$

(3) 迴路③：Σ電壓升 = Σ電壓降
$V_A + 2 = 9 \Rightarrow V_A = 7V$

(4) $V_D = 4 + V_C = 4 + 2 = 6V$

3-2立即練習

1. Σ電壓升 = Σ電壓降，順時針假設
$3 \times (I - 1) + 1 \times (4 - I) = 2 \times (2 - I)$
$\Rightarrow I = 0.75A$

2. 電位差與參考電位無關，而右邊迴路的電流為2A，因此$E_{ab} = 2 \times (4 + 5) = 18V$。

3. (1) 右邊迴路假設電流為順時針方向：
Σ電壓升 = Σ電壓降
$V_A + 4 = 3 + 6 + 1 \Rightarrow V_A = 6V$

(2) 左邊迴路假設電流為順時針方向：
Σ電壓升 = Σ電壓降
$20 + 1 = 5 + 6（V_A）+ V_B \Rightarrow V_B = 10V$

3-3學生做

1. $R_T = 24 // 8 = \dfrac{24 \times 8}{24 + 8} = 6\Omega$

2. $R_T = \dfrac{1}{\dfrac{1}{72} + \dfrac{1}{54} + \dfrac{1}{27} + \dfrac{1}{24}}$ （分子分母同乘最小公倍數 [72, 54, 27, 24] = 216）

$= \dfrac{216}{\dfrac{216}{72} + \dfrac{216}{54} + \dfrac{216}{27} + \dfrac{216}{24}} = 9\Omega$

3. 運用分流定則

電流 $\begin{cases} I_1 = 21 \times \dfrac{30 // 10}{15 + 30 // 10} = 7A \\ I_2 = 21 \times \dfrac{15 // 10}{30 + 15 // 10} = 3.5A \\ I_3 = 21 \times \dfrac{15 // 30}{10 + 15 // 30} = 10.5A \end{cases}$

4. (1) 總電阻 $R_T = \dfrac{54}{1 + 6 + 2} = 6\Omega$

(2) 總電流 $I_T = \dfrac{E}{R_T} = \dfrac{54}{6} = 9A$

(3) 電流 $\begin{cases} I_1 = \dfrac{E}{R_1} = \dfrac{54}{54} = 1A \\ I_2 = \dfrac{E}{R_2} = \dfrac{54}{9} = 6A \\ I_3 = \dfrac{E}{R_3} = \dfrac{54}{27} = 2A \end{cases} \Rightarrow$ 和為9A

(4) 電源提供功率 $P = E \cdot I_T = 54 \times 9 = 486W$

(5) 總消耗功率 $P_{loss} = 9^2 \times 6 = 486W$

第 3 章　串並聯電路

5. $P = \dfrac{V^2}{R} \Rightarrow 30 = \dfrac{V^2}{15} \Rightarrow V^2 = 450$（以此為主）

   $P = \dfrac{V^2}{R} \Rightarrow 40 = \dfrac{V^2}{30} \Rightarrow V^2 = 1200$

   $P_T = \dfrac{V^2}{R_T} = \dfrac{450}{15 // 30} = 45W$

   相當於規格$10\Omega / 45W$

6. $I = I_F \times (1 + \dfrac{r}{R}) = 50mA \times (1 + \dfrac{20}{0.5})$
   $= 2050mA$

7. $R = (\dfrac{I_F}{I - I_F}) \times r = (\dfrac{40mA}{160mA - 40mA}) \times 0.9$
   $= 0.3\Omega$

8. 先計算兩電錶之額定電壓值
   $V_1 = I_1 \times R_1 = 3 \times 50 = 150V$（以此為主）
   $V_2 = I_2 \times R_2 = 4 \times 40 = 160V$
   $\therefore I = \dfrac{V}{R} = \dfrac{V}{R_1 // R_2} = \dfrac{150}{50 // 40} = 6.75A$

3-3立即練習　P.3-13

3. $R_T = 54 // 54 // 27 = 13.5\Omega$

9. 該電路為並聯結構：
   $R_{ab} = 6 // 6 // 12 // 12 = 2\Omega$

3-4學生做　P.3-15

1. $\sum$流入 $= \sum$流出（同一節點）
   $4 + 2 + I = 3 \Rightarrow I = -3A$（與標示相反）

2. $\sum$流入 $= \sum$流出（同一網目）
   $I + 4 = 2 + 3 \Rightarrow I = 1A$

3. $\sum$流入 $= \sum$流出
   $\dfrac{10}{2} + \dfrac{8}{8} + \dfrac{6}{6} = \dfrac{6}{2} + I \Rightarrow I = 4A$

4. 無中生有法（電流錶為電壓降元件）

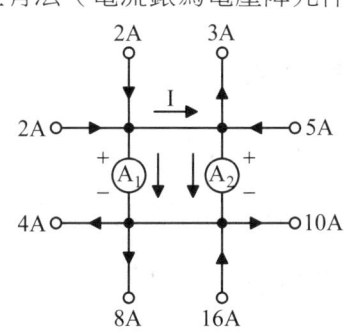

(1) 假設電流向右I，則
    電流錶$A_1 = 4 - I$
    電流錶$A_2 = I + 2$

(2) $A_1 + A_2 = (4 - I) + (I + 2) = 6A$

3-5學生做　P.3-17

1. (1) 總電阻$R_T = \begin{cases} (6 // 18) + (2 // 6) = 6\Omega \\ (6 + 2) // (18 + 6) = 6\Omega \end{cases}$

   (2) 總電流$I_T = \dfrac{E}{R_T} = \dfrac{18}{6} = 3A$

   (3) 電流$I = 3 \times \dfrac{6}{6 + 18} = 0.75A$（分流定則）

2. 電路重整如下：

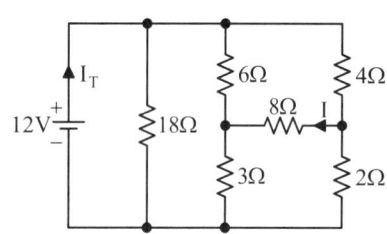

   (1) 總電阻$R_T = \begin{cases} 18 // [(6 // 4) + (3 // 2)] = 3\Omega \\ 18 // [(6 + 3) // (4 + 2)] = 3\Omega \end{cases}$

   (2) 總電流$I_T = \dfrac{E}{R_T} = \dfrac{12}{3} = 4A$

   (3) 電流$I = 0A$

3. $3k\Omega \times R_X = 6k\Omega \times 4k\Omega$
   $R_X = 8k\Omega$

3-5立即練習　P.3-19

2. 此電路為惠斯登電橋$4 \times 4 = 2 \times 8$
   $\Rightarrow$ 電阻3Ω可移除
   $I = \dfrac{18}{(2 + 4) // (4 + 8) + 2} \times \dfrac{6}{6 + 12} = 1A$

3-6學生做　P.3-21

1. $\begin{cases} R_1 = \dfrac{24 \times 18 + 18 \times 6 + 6 \times 24}{6} = 114\Omega \\ R_2 = \dfrac{24 \times 18 + 18 \times 6 + 6 \times 24}{18} = 38\Omega \\ R_3 = \dfrac{24 \times 18 + 18 \times 6 + 6 \times 24}{24} = 28.5\Omega \end{cases}$

2. $\begin{cases} R_1 = \dfrac{20 \times 50}{20+50+30} = 10\Omega \\ R_2 = \dfrac{50 \times 30}{20+50+30} = 15\Omega \\ R_3 = \dfrac{20 \times 30}{20+50+30} = 6\Omega \end{cases}$

3.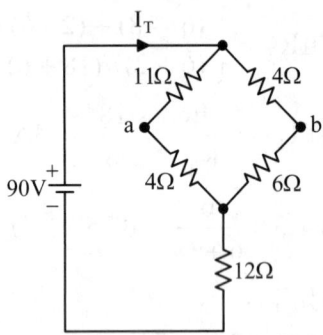

(1) 總電阻 $R_T = (11+4)//(4+6)+12 = 18\Omega$

(2) 總電流 $I_T = \dfrac{V_T}{R_T} = \dfrac{90}{18} = 5A$

(3) $V_a = V - I_{11\Omega} \times 11\Omega = 90 - 2 \times 11 = 68V$

$V_b = V - I_{4\Omega} \times 4\Omega = 90 - 3 \times 4 = 78V$

$I_1 = \dfrac{V_T - V_b}{4\Omega} = \dfrac{90-78}{4} = 3A$

$I_2 = \dfrac{V_a - V_b}{12\Omega} = \dfrac{68-78}{12} = -\dfrac{5}{6}A$

$I_3 = \dfrac{V_a}{24\Omega} = \dfrac{68}{24} = \dfrac{17}{6}A$

3-6 立即練習 P.3-23

2. $R_T = [(36//18) + (9//18)]//(18//18) = 6\Omega$

$I_T = \dfrac{12}{6} = 2A$

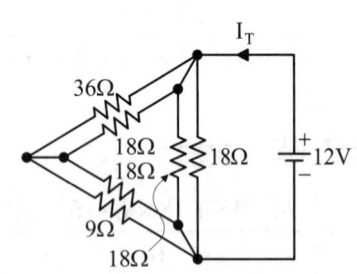

3-7 學生做 P.3-25

1. 將電路簡化如下：

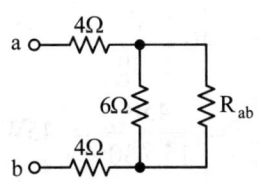

$R_{ab} = 8 + (6 // R_{ab})$

$R_{ab}^2 - 8R_{ab} - 48 = 0$

$\Rightarrow (R_{ab} + 4)(R_{ab} - 12) = 0$

$R_{ab} = -4\Omega$（不合）或 12Ω

因此 $R_{ab} = 12\Omega$

2. $R_{ab} = \dfrac{1}{\dfrac{1}{5} + \dfrac{1}{25} + \dfrac{1}{125} + \cdots\cdots + \dfrac{1}{5^n}} = \dfrac{1}{\dfrac{1}{4}}$

$= 4\Omega$

（分母的和運用無窮等比級數和的公式）

3. 中垂線上的接點沿著線上分離（開路）

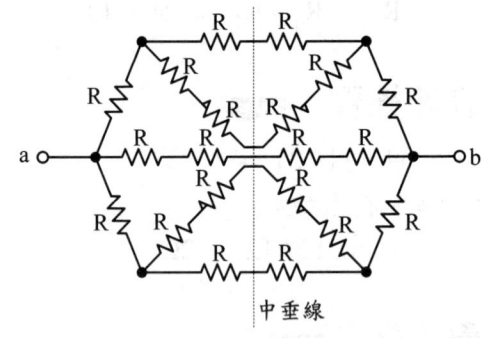

$R_{ab} = [(34 // 68 + 34) / 2] // 68 = 20\Omega$

4. 水平線

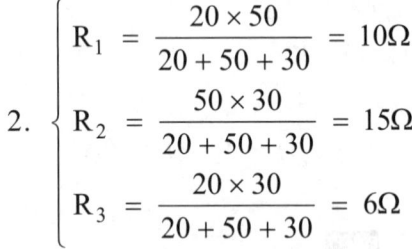

$R_{ab} = (6 // 3) + 3 = 5\Omega$

綜合練習 P.3-28

3. $P = \dfrac{V^2}{R} \Rightarrow P \propto V^2$ ；

因內阻相同所以分壓後電壓減半，

$P = 200 \times (\dfrac{1}{2})^2 = 50W$

第 3 章 串並聯電路

4. (1) 負載開路時的端電壓為電源電壓，因此電源電壓為24V。

   (2) $24 - \dfrac{21.6}{18} \cdot r = 21.6$，$r = 2\Omega$

6. $I = \dfrac{V}{R}$

   $\Rightarrow I = \dfrac{1.3 + 3.3 + 2.9 + 2.5}{0.3 + 0.2 + 0.35 + 0.15 + 3} = \dfrac{10}{4} = 2.5A$

7. $P = \dfrac{V^2}{R} \Rightarrow R = \dfrac{V^2}{P} = \dfrac{40^2}{800} = 2\Omega$

   $\because R_1 : R_2 = 3 : 1 \Rightarrow R_1 = 1.5\Omega$

8. $P = V \cdot I \Rightarrow (50 + 250) = 300 \times I \Rightarrow I = 1A$

   $\begin{cases} P_{R_1} = I^2 R \Rightarrow 50 = 1^2 \times R_1 \Rightarrow R_1 = 50\Omega \\ P_{R_2} = I^2 R \Rightarrow 250 = 1^2 \times R_2 \Rightarrow R_2 = 250\Omega \end{cases}$

10. $\begin{cases} 100\Omega / 100W \Rightarrow I = 1A \\ 100\Omega / 400W \Rightarrow I = 2A \end{cases} \Rightarrow$ 選用 $I = 1A$

    $\therefore V = 1 \times (100 + 100) = 200V$

12. $P = I^2 R \Rightarrow \begin{cases} 1\Omega / 1W \Rightarrow I = 1A \\ 2\Omega / 4W \Rightarrow I = \sqrt{2}A \end{cases}$

    $\Rightarrow$ 選用1A的電流

    $\therefore P = I^2 \times R = 1^2 \times 3 = 3W$

13. 兩耐壓相同的燈泡接於兩倍額定電壓的電源，則較小功率的燈泡會燒毀。

14. 100V/40W的內阻 $R = 250\Omega$；

    100V/80W的內阻 $R = 125\Omega$；

    總功率 $P = \dfrac{120^2}{250 + 125} = 38.4W$

16. $\begin{cases} 12V / 4W \Rightarrow R = 36\Omega \\ 12V / 6W \Rightarrow R = 24\Omega \end{cases}$

    $\Rightarrow$ 總電流 $I = \dfrac{12}{36 + 24} = 0.2A$

    其中12V/4W內阻大故較亮

17. (1) 總電流 $I = \dfrac{6}{12} = 0.5A$

    (2) 電阻4Ω所消耗的功率
    $P = I^2 R = 0.5^2 \times 4 = 1W$

18. $\because R_1 = 4R_2 \Rightarrow E = \dfrac{40}{4} \times 5 = 50V$

20. 相同額定電壓的電熱器，額定功率較小的電熱器其內阻較大，消耗功率亦較大。

21.

(1) 總電流 $I = \dfrac{40 + 25 - 15}{2 + 7 + 4 + 5 + 3 + 4} = 2A$

(2) 電阻5Ω消耗 $P = I^2 R = 2^2 \times 5 = 20W$

(3) $V_{ae} = V_a - V_e = 7 - 0 = 7V$
（任意假設接地點結果相同）

(4) $V_{db} = V_d - V_b = 18 - (-21) = 39V$
（任意假設接地點結果相同）

23. $I = \dfrac{40 - 10}{20 + 30} = 0.6A$；

    $V_1 = 0.6 \times 20 = 12V$；

    $V_2 = 0.6 \times 30 = 18V$

24. 假設迴路為順時針：
    $(2 - 2I) \times 2 = (I + 3) \times 1 + (2I - 4) \times 4 + (1 + I) \times 2$
    $\Rightarrow 15I = 15 \Rightarrow I = 1A$

25. 將電流 $I = 1A$ 代入 $2I - 4 = -2A$，
    因此 $V_1 = 2 \times 4 = 8V$

26. $P = I^2 \times R = 2^2 \times (1 // 1) = 2W$

27. $R_{ab} = (6 // 3) + 6 + (10 // 15) + 9 = 23\Omega$

28. $R_{ab} = \{[(30 // 10) + 22.5] // 20 + 18\} // 30 + 5 + 5$
    $= 25\Omega$

29. $E_{ab} = 10 \times (5 + 5) + 5 \times 30 = 250V$

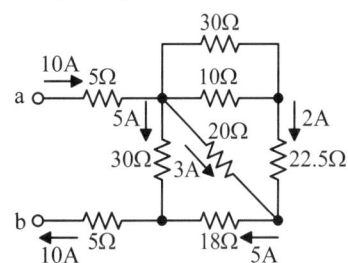

32. (1) $R_1 = \left(\dfrac{I_F}{I - I_F}\right) \times r = \left(\dfrac{10mA}{50mA - 10mA}\right) \times 90$
    $= 22.5\Omega$

    (2) $R_2 = \left(\dfrac{I_F}{I - I_F}\right) \times r = \left(\dfrac{10mA}{100mA - 10mA}\right) \times 90$
    $= 10\Omega$

37. 因為電壓$V_1 = 4V$，

所以電壓$V = \dfrac{4}{2} \times (8+2) = 20V$，

電阻$R = \dfrac{20}{7-2} = 4\Omega$

38. 並聯電路的電壓皆相同，皆為48V，因此電流$I = \dfrac{12 \times 4}{4} = 12A$。

40. 並聯電路的電壓皆相同，

$V = I_{R2} \times R_2 = \dfrac{5}{3} \times 30 = 50V$

$I_{R1} = \dfrac{50}{10} = 5A$

$I_{R3} = 10 - 5 - \dfrac{5}{3} = \dfrac{10}{3}A$

$R_3 = \dfrac{V}{I_{R3}} = \dfrac{50}{10/3} = 15\Omega$

42. (1) $I_1 = 24 \times \dfrac{4 // 4}{6 + 4 // 4} = 6A$

(2) $I_2 = 24 \times \dfrac{6 // 4}{4 + 6 // 4} = 9A$

43. $R_{ab} = [(3 // 6) + 7 + (4 // 12)] // 12 = 6\Omega$

44. $I_1 : I_2 : I_3 = \dfrac{V}{1} : \dfrac{V}{2} : \dfrac{V}{3} = 6 : 3 : 2$

45.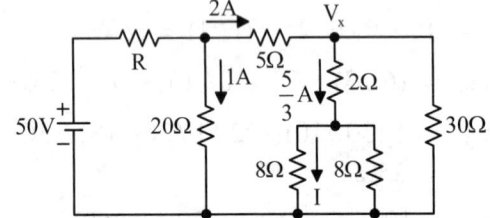

(1) 20Ω消耗20W，則通過電流向下1A，且端電壓為20V

(2) 根據並聯電壓相同，可以得知通過電阻5Ω的電流為向右2A

(3) 電流$I = \dfrac{5}{3} \times \dfrac{8}{8+8}$（分流定則）$= \dfrac{5}{6}A$

(4) 電阻5Ω消耗功率
$P = I^2 R = 2^2 \times 5 = 20$ W

(5) 總電阻為

$\dfrac{50}{3} = R + (10 // 20) \Rightarrow \dfrac{50}{3} = R + \dfrac{20}{3}$

$\Rightarrow R = 10 \Omega$

(6) 電路沒有接地點位置，所以電位V_x無從判斷。

48.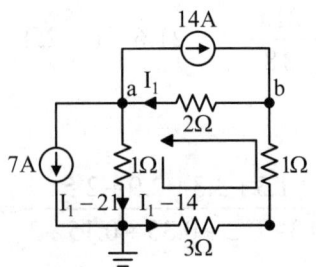

(1) 運用KCL將每一支路以電流I_1表示。

(2) 運用KVL假設迴路電流方向為逆時針。

(3) Σ電壓升 $= \Sigma$電壓降

$\Rightarrow 0 = 2 \times I_1 + 1 \times (I_1 - 21) + 4 \times (I_1 - 14)$

$\Rightarrow I_1 = 11A$

(4) $I_2 = I_1 - 14 = 11 - 14 = -3A$

(5) $V_a = -10V$

(6) $V_b = 3 \times (3+1) = 12V$

49. 假設通過9Ω電阻的電流向下I安培，則通過18Ω的電流向右(I+1)安培，此時運用KVL，

$60 = 18 \times (I+1) + 9 \times I \Rightarrow I = \dfrac{14}{9}A$；

並聯電壓相同$9 \times \dfrac{14}{9} = 1 \times R \Rightarrow R = 14\Omega$

50.

(1) 假設A元件之極性，且根據KVL可得最外圍之迴路（逆時針）：

$V_A + 6 = 20 + 10 \Rightarrow V_A = 24$ V

(2) 元件A提供240W；元件B提供60W，元件C消耗100W；元件D消耗120W；元件E消耗80W

(3) 所以總提供300W，總消耗亦為300W

52. (1) 此電路為惠斯登電橋$20 \times 90 = 30 \times 60$

$\Rightarrow$ 中間電阻20Ω可移除

(2) $P = I^2 R = (\dfrac{240}{30+90})^2 \times 30 = 120W$

第 3 章 串並聯電路

53. (1) 因 $I_2 = 0A$，$9 \times 4 = 6 \times R \Rightarrow R = 6\Omega$

(2) $I_1 = \dfrac{30}{(4+6)//(6+9)+4} = 3A$

54. (1) 開關S開啟：$I = \dfrac{120}{18+(6//3)} = 6A$

(2) 開關S閉合：$I = \dfrac{120}{(18+6)//(6+2)} = 20A$

56. (1) 將內部的Y型轉為Δ型後，如下

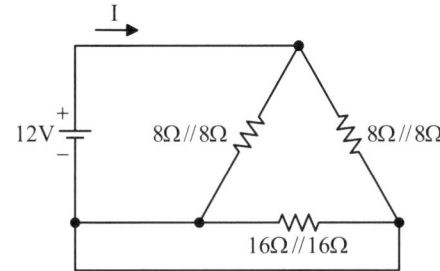

(2) $16\Omega // 16\Omega$被短路，因此，

$I = \dfrac{12V}{8\Omega//8\Omega} + \dfrac{12V}{8\Omega//8\Omega} = 6A$

58.

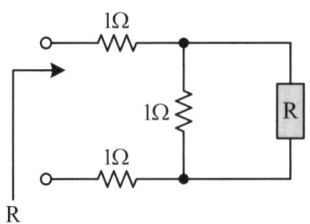

(1) 為方便計算，假設$R = 1\Omega$，最後的等效電阻R_{eq}再乘以R即可。

(2) $R = 2 + (1//R)$

$\Rightarrow R = 2 + \dfrac{R}{1+R}$

$\Rightarrow R^2 - 2R - 2 = 0$

$\Rightarrow R = 1 \pm \sqrt{3}$

所以$R_{eq} = (1+\sqrt{3})R$

實習專區 P.3-35

1. (1) 開關S打開時電壓表指示3V，此電壓為電源電壓3V

(2) 開關S閉合時電壓表指示2V，

$\dfrac{3}{R+10} = \dfrac{2}{10} \Rightarrow R = 5\Omega$

2. $R_X \times R_B = R_Y \times R_A$

$\Rightarrow R_X \times 100k\Omega = 80k\Omega \times 20k\Omega$

$\Rightarrow R_X = 16\ k\Omega$

3. 此電路為惠斯登電橋，

電流$I = \dfrac{14}{6k+8k} + \dfrac{14}{3k+4k} = 3\ mA$

4.

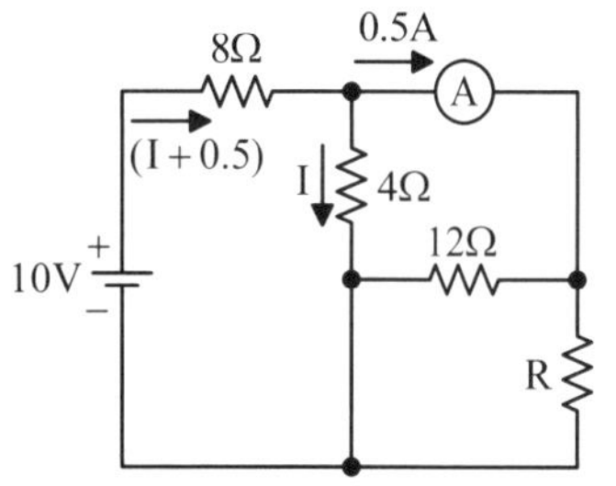

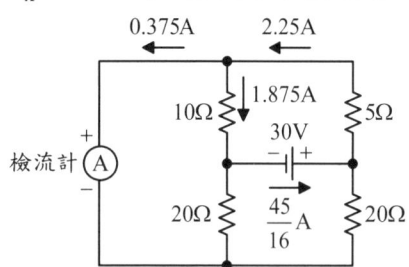

(1) 假設電流I，運用KVL可得

$10 = (I+0.5) \times 8 + 4I \Rightarrow I = 0.5\ A$

(2) 電阻4Ω、12Ω與R皆為並聯關係，電壓皆為$4 \times I = 4 \times 0.5 = 2\ V$

(3) 通過12Ω的電流為$\dfrac{2}{12} = \dfrac{1}{6}\ A$，

所以通過電阻R的電流為$0.5 - \dfrac{1}{6} = \dfrac{1}{3}\ A$

(4) 電阻$R = \dfrac{2}{\dfrac{1}{3}} = 6\ \Omega$

5. 若$R_x = 20\ \Omega$時，檢流計的電流讀值為0.375A

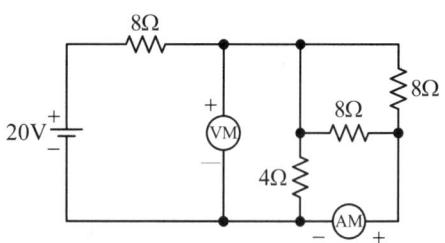

6. (1) $R = 8\ \Omega$，

$V_M = 20V \times \dfrac{(8//8//4)}{(8//8//4)+8} = 4\ V$

(2) $R = 4\Omega$，

$\text{VM} = 20V \times \dfrac{(8//4//4)}{(8//4//4)+8} = \dfrac{10}{3} V$

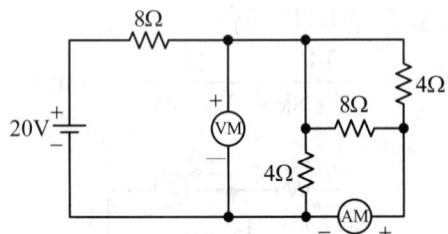

7. $2k\Omega \times R = 5k\Omega \times 7k\Omega \Rightarrow R = 17.5 k\Omega$

9. (1) 棕黑紅金的電阻為$1k\Omega \pm 5\%$

(2) 3個並聯成電阻A，其電阻為$\dfrac{1k\Omega}{3}$

(3) 2個並聯成電阻B，其電阻為$0.5k\Omega$

(4) 1個為電阻C，其電阻為$1k\Omega$

(5) A、B、C 串聯之電阻值約1830Ω

10. 只要符合條件$R_1 \times R_4 = R_3 \times R_2$
$\Rightarrow$ 檢流計的讀值為0

108課綱統測試題 P.3-37

1. $V_a = -3V$，$V_b = 0V$、$V_c = -6V$

2.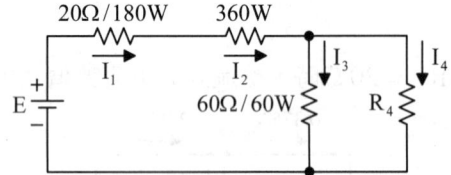

(1) $I_1 = I_2 = \sqrt{\dfrac{180}{20}} = 3A$，

$I_3 = \sqrt{\dfrac{60}{60}} = 1A$、

電阻R_4的端電壓$\sqrt{60 \times 60} = 60V$

(2) 電阻R_4的電流為

$I_1 - I_3 = 3A - 1A = 2A$

(3) 電阻$R_4 = \dfrac{60V}{2A} = 30\Omega$

(4) 電阻$R_2 = \dfrac{360W}{3^2} = 40\Omega$

(5) 運用**克希荷夫電壓定律（KVL）**：
$E = 3 \times (20 + 40) + 60 = 240V$

3.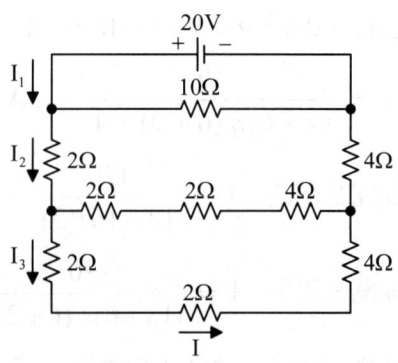

(1) 將左右兩邊的$\Delta \to Y$：
總電阻$R_T = 10 // 10 = 5\Omega$

(2) 電源電流$I_1 = \dfrac{20V}{5\Omega} = 4A$，

$I_2 = 4A \times \dfrac{10\Omega}{10\Omega + 10\Omega} = 2A$

(3) 電流$I_3 = I = 2A \times \dfrac{8\Omega}{8\Omega + 8\Omega} = 1A$

4.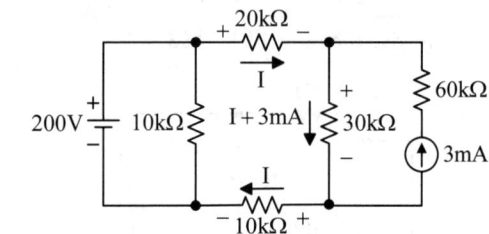

運用**克希荷夫電壓定律（KVL）**及**克希荷夫電流定律（KCL）**：
$200 = I \times 20k + (I + 3m) \times 30k + I \times 10k$
可得$I \approx 1.83mA$

6. (1) 根據題意可以列出方程式為：
$\begin{cases} E - 5R_1 = 10 \\ E - 2R_1 = 16 \end{cases} \Rightarrow E = 20V 且 R_1 = 2\Omega$

(2) 當$R_2 = 18\Omega$，

線路電流$I = \dfrac{20}{2 + 18} = 1A$，

所以$V_2 = I \times R_2 = 1 \times 18 = 18V$

7. (1) 根據克希荷夫電流定律（KCL），可以列出各路徑的電流如下：

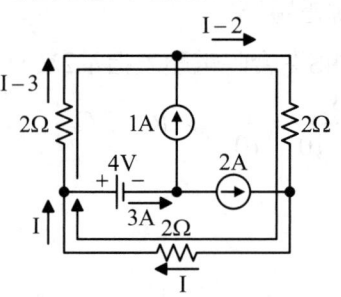

(2) 根據克希荷夫電壓定律（KVL），可以列出方程式如下：

$2 \times (I - 3) + 2 \times (I - 2) + 2I = 0$

$\Rightarrow 6I = 10$

$\Rightarrow I = \dfrac{5}{3} A \approx 1.67 A$

8. (1) 根據克希荷夫電流定律（KCL），可以列出各路徑的電流如下：

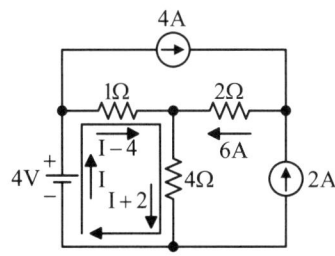

(2) 根據克希荷夫電壓定律（KVL），可以列出方程式如下：

$4 = (I - 4) \times 1 + (I + 2) \times 4$

$\Rightarrow 4 = I - 4 + 4I + 8$

$\Rightarrow 5I = 0$

$\Rightarrow I = 0A$

9. (1) 根據克希荷夫電流定律（KCL），可以列出各路徑的電流如下：

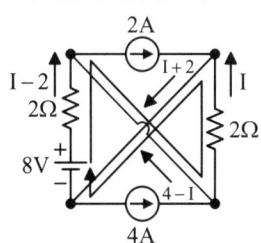

(2) 根據克希荷夫電壓定律（KVL），可以列出方程式如下：

$8 = (I - 2) \times 2 + I \times 2$

$\Rightarrow 8 = 2I - 4 + 2I$

$\Rightarrow I = 3A$

10. (1) 根據分流定則：

$I_1 = 60 \times \dfrac{(6 // 12)}{6 + (6 // 12)} = 24A$

(2) 根據分流定則：

$I_2 = 60 \times \dfrac{(6 // 6)}{12 + (6 // 6)} = 12A$

11. (1) 將裡面3個4Ω的Y型轉為△型，電路如下：

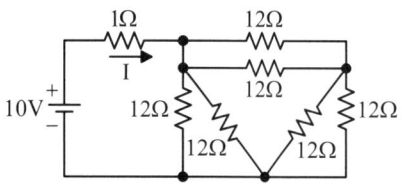

(2) 由化簡後的電路圖，可以得知有3對12Ω並聯。

(3) 電路的總電阻$R_T = [(6 + 6) // 6] + 1 = 5Ω$

(4) 電流$I = \dfrac{10V}{5Ω} = 2A$

12. 並聯電路的電壓相同，可以列出：

$V = IR$

$\Rightarrow 5 \times 6 = 3 \times 10 = 2 \times R$

$\Rightarrow R = 15Ω$

13. (1) 根據KCL，將每個路徑的電流標示如下圖。

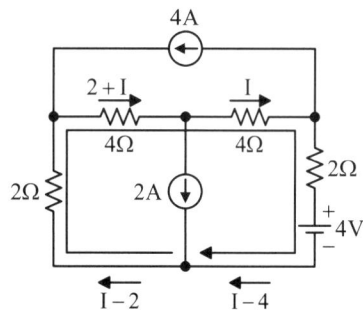

(2) 根據KVL，列出圖中的封閉迴路方程式：

$(I-2) \times 2 + (2+I) \times 4 + I \times 4 + (I-4) \times 2 + 4 = 0$

$\Rightarrow I = 0A$

14. (1) 根據電阻R_1消耗之功率可以得知，R_1之端電壓

$V = \sqrt{PR} = \sqrt{4 \times 36} = 12 V$，通過電流為3A。

(2) 電阻70Ω之端電壓$117 - 4 \times 3 = 105 V$，通過70Ω之電流$\dfrac{105V}{70Ω} = 1.5 A$

(3) 電阻$R_2 = \dfrac{105V}{3A - 1.5A} = 70 Ω$

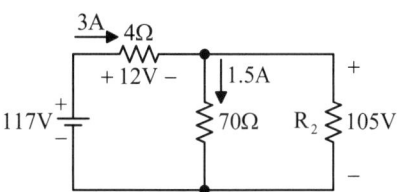

15.(1) 運用 $\Delta \to Y$，將上面的三個12Ω轉換如下圖：

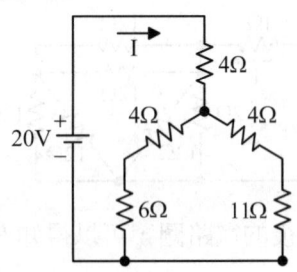

(2) $I = \dfrac{20V}{4\Omega + (10\Omega // 15\Omega)} = 2\ A$

16.(1) 橙白黑金紫為
 $390 \times 10^{-1} \pm 0.1\% = 39\Omega \pm 0.1\%$

(2) 所以電阻R_2約為51Ω，因此色碼為綠棕黑金紫

情境素養題 P.3-40

1. 電阻R_3拔除造成電路斷路，所以電流為0，燈泡熄滅。

2. 將電阻R_1拔除造成總電阻增加，所以電流減小，燈泡變暗。

3. 圖(a)為$\dfrac{R}{3}$，圖(b)為1.5R

 圖(c)為3R，圖(d)為0

Chapter 4 直流網路分析

4-1 學生做一

1.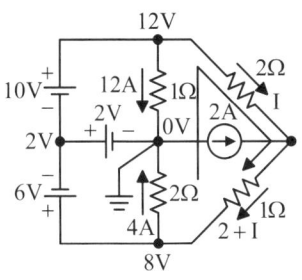

   ∑電壓升 = ∑電壓降
   $\Rightarrow 12 \times 1 = 2 \times I + (2+I) \times 1 + 4 \times 2$
   $\Rightarrow I = \dfrac{2}{3} A$

2. 7V流出3A，
   因此提供21W

   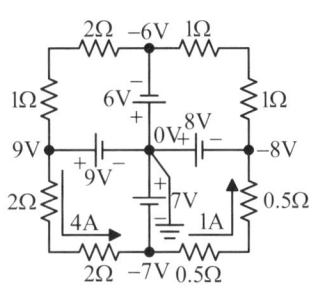

4-1 學生做二

1. $\dfrac{V-11}{3} + \dfrac{V-0}{2} + \dfrac{V-(-4)}{3} = 0 \Rightarrow V = 2V$

   $I_1 = \dfrac{11-2}{3} = 3A$; $I_2 = -\dfrac{2+4}{3} = -2A$;
   $I_3 = 1A$

   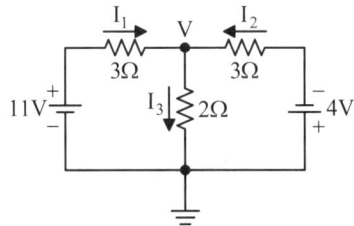

2. $\dfrac{V-18}{4} + \dfrac{V-0}{2} + 3 = 0 \Rightarrow V = 2伏特(V)$

   $I_1 = \dfrac{18-2}{4} = 4A$; $I_2 = -3A$;
   $I_3 = \dfrac{2-0}{2} = 1A$

   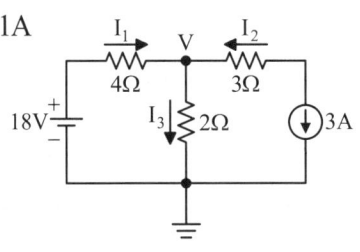

3. $3 + \dfrac{V-(-8)}{2} + \dfrac{V-10}{4} = 0 \Rightarrow V = -6伏特(V)$

   $I_1 = \dfrac{-8+6}{2} = -1A$; $I_2 = \dfrac{10-(-6)}{4} = 4A$

   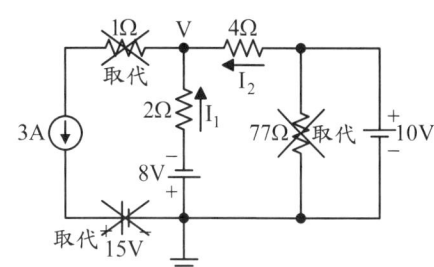

4. **超節點題型**

   $1 + \dfrac{V+4-8}{2} + \dfrac{V-(-12)}{2} = 2$;

   $V = -3伏特(V)$

   $\begin{cases} I_1 = \dfrac{8-1}{2} = 3.5A \\ I_2 = \dfrac{-3-(-12)}{2} = 4.5A \end{cases}$

   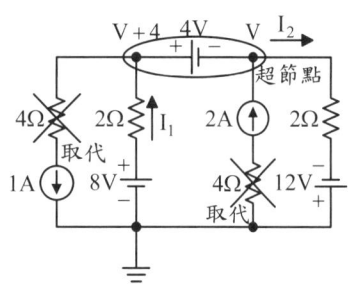

4-1 立即練習二

1. $\dfrac{V-8}{2} + \dfrac{V-0}{6} + \dfrac{V-12}{3} = 0 \Rightarrow V = 8伏特(V)$

   $\therefore I_{6\Omega} = \dfrac{8-0}{6} = \dfrac{4}{3}A$

2. $\begin{cases} \dfrac{V_A - 5}{3} + \dfrac{V_A - V_B}{2} = 3 \\ \dfrac{V_B - V_A}{2} + \dfrac{V_B - (-10)}{2} + 2 = 0 \end{cases} \Rightarrow \begin{cases} V_A = 2V \\ V_B = -6V \end{cases}$

   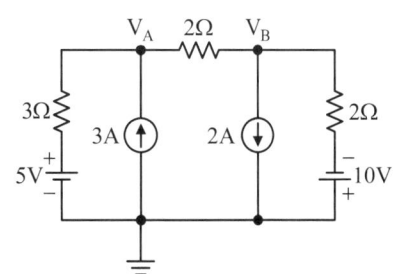

5. 節點電壓法：

$$\begin{cases} \dfrac{V_1-60}{4}+\dfrac{V_1-0}{5}+\dfrac{V_1-V_2}{4}=0 \\ \dfrac{V_2-60}{5}+\dfrac{V_2-V_1}{4}+\dfrac{V_2-10}{2}=0 \end{cases}$$

$$\Rightarrow \begin{cases} 0.7V_1-0.25V_2=15 \\ -0.25V_1+0.95V_2=17 \end{cases}$$

4-1 學生做三　P.4-9

1. $E_{ab}=\dfrac{\dfrac{60}{5}+\dfrac{-80}{20}+\dfrac{30}{20}+\dfrac{-40}{10}}{\dfrac{1}{5}+\dfrac{1}{20}+\dfrac{1}{20}+\dfrac{1}{10}}=13.75V$

   $R_{ab}=5//20//20//10=2.5\Omega$

2. $E_{ab}=\dfrac{\dfrac{18}{6}+(-1)+(2)+\dfrac{-15}{6}}{\dfrac{1}{6}+\dfrac{1}{6}}=4.5V$

   $R_{ab}=6//6=3\Omega$

3. 依據 Bus Bar 公共排法可以列出

   $E_{ab}=\dfrac{5-10-20-18+3}{5}=\dfrac{-40}{5}$
   $=-8V$（支路數為5）

4-1 立即練習三　P.4-10

1. **方法一**

   運用密爾門定理：

   $V_X=\dfrac{\dfrac{16}{12}+\dfrac{10}{6}-2}{\dfrac{1}{12}+\dfrac{1}{6}+\dfrac{1}{4}}=2V$

   方法二

   節點電壓法：

   $\dfrac{V_X-16}{12}+\dfrac{V_X-10}{6}+\dfrac{V_X-0}{4}+2=0$

   $\Rightarrow V_X=2V$

2. $V_o=\dfrac{3-1+4-5}{\dfrac{1}{6}+\dfrac{1}{6}+\dfrac{1}{6}+\dfrac{1}{6}}=1.2V$

3. (1) $V_X=\dfrac{\dfrac{60}{30}+\dfrac{-40}{20}+5}{\dfrac{1}{30}+\dfrac{1}{20}}=60V$

   (2) $I_1=\dfrac{60-60}{30}=0A$

   (3) $I_2=\dfrac{60-(-40)}{20}=5A$

4-2 學生做　P.4-12

1. $\begin{cases} I_1:(2+1+8+5)I_1-8I_2=-4+12 \\ I_2:-8I_1+(8+9+6+7)I_2=-12-6 \end{cases}$

   $\Rightarrow \begin{cases} 16I_1-8I_2=8 \\ -8I_1+30I_2=-18 \end{cases}$

2. $\begin{cases} I_1:(1+3+3+2)I_1+3I_2=-6-4 \\ I_2:3I_1+(3+8+5+9)I_2=2-4 \end{cases}$

   $\Rightarrow \begin{cases} 9I_1+3I_2=-10 \\ 3I_1+25I_2=-2 \end{cases}$

3. $\begin{cases} I_1:(3+3+3)I_1+3I_2+3I_3=10 \\ I_2:3I_1+(3+4+5)I_2-5I_3=-4 \\ I_3:3I_1-5I_2+(3+5+1+4)I_3=-2 \end{cases}$

   $\begin{cases} I_1:9I_1+3I_2+3I_3=10 \\ I_2:3I_1+12I_2-5I_3=-4 \\ I_3:3I_1-5I_2+13I_3=-2 \end{cases}$

4. **超網目題型**

   $\begin{cases} I_1+I_2=-5 \Rightarrow I_1=-5-I_2\cdots(1)\text{直接帶入}(2) \\ 35+I_1\times2=I_2\times3+15\cdots\cdots(2) \end{cases}$

   $\Rightarrow \begin{cases} I_1=-7A \\ I_2=2A \end{cases}$

4-2 立即練習　P.4-14

1. $\begin{cases} I_1:I_1=3A\cdots(1)\text{代入}(2) \\ I_2:-3I_1+8I_2=-1\cdots(2) \end{cases} \Rightarrow I_2=1A$

2. $\begin{cases} I_1:13I_1+2I_2+5I_3=-2 \\ I_2:2I_1+3I_2-I_3=-6 \\ I_3:5I_1-I_2+6I_3=-8 \end{cases}$

   $\Rightarrow$ 修正係數（陷阱題）：

   $\begin{cases} I_1:-13I_1-2I_2-5I_3=2 \\ I_2:-2I_1-3I_2+I_3=6 \\ I_3:5I_1-I_2+6I_3=-8 \end{cases}$

   $a_{11}+a_{22}+a_{33}=-13-3+6=-10$

4-3 學生做 P.4-15

1. (1) 考慮電壓源：（電流源開路）

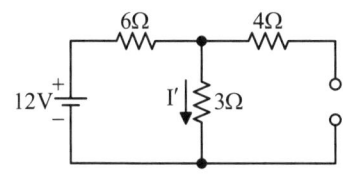

$I' = \dfrac{12}{(6+3)} = \dfrac{4}{3}$ A（向下）

(2) 考慮電流源：（電壓源短路）

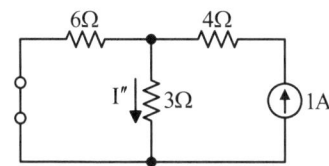

$I'' = 1 \times \dfrac{6}{6+3}$ （分流定則）$= \dfrac{2}{3}$ A（向下）

(3) 重疊：$I = I' + I'' = \dfrac{4}{3} + \dfrac{2}{3} = 2$A（向下）

2. (1) 考慮電壓源：（電流源開路）

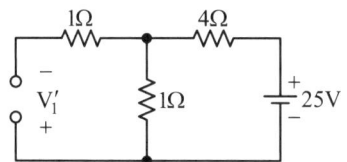

$V_1' = 25 \times \dfrac{-1}{4+1}$ （分壓定則）$= -5$V

(2) 考慮電流源：（電壓源短路）

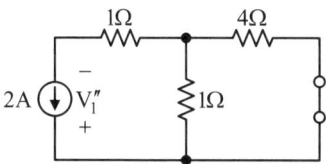

$V_1'' = 2 \times (1 + 1 // 4) = 3.6$V

(3) 重疊：$V_1 = V_1' + V_1'' = -5 + 3.6 = -1.4$V

3. (1) 考慮電壓源：（電流源開路）

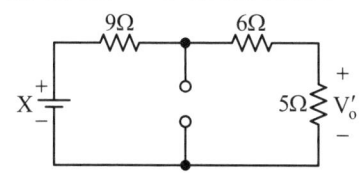

$V_o' = X \times \dfrac{5}{9+6+5}$ （分壓定則）$= \dfrac{1}{4}X$

(2) 考慮電流源：（電壓源短路）

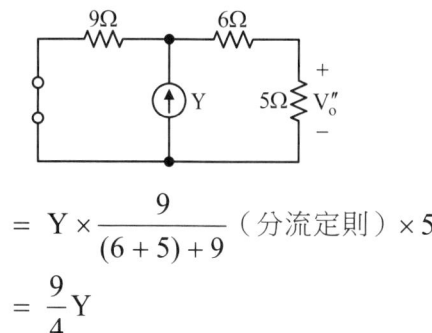

$V_o'' = Y \times \dfrac{9}{(6+5)+9}$ （分流定則）$\times 5$

$= \dfrac{9}{4}Y$

(3) 重疊：$V_o = V_o' + V_o'' = \dfrac{1}{4}X + \dfrac{9}{4}Y$

4-4 學生做 P.4-19

1. (1) 求戴維寧等效電阻R_{th}：（電壓源短路）

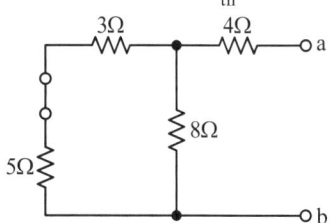

$R_{th} = 4 + [(3+5) // 8] = 8\Omega$

(2) 求戴維寧等效電壓E_{th}：（求開路電壓）

$E_{ab} = -16 \times \dfrac{8}{3+5+8}$ （分壓定則）

$= -8$V

(3) 戴維寧等效電路如下：

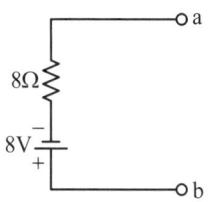

2. (1) 求戴維寧等效電阻R_{th}：$\begin{cases}電壓源短路\\電流源開路\end{cases}$

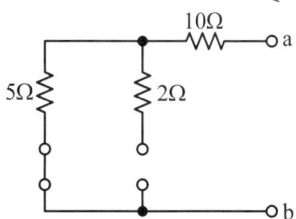

$R_{th} = 10 + 5 = 15\Omega$

(2) 求戴維寧等效電壓E_{th}：（求開路電壓）
運用**密爾門定理**：

$$E_{ab} = \frac{-5 + \frac{15}{5}}{\frac{1}{5}} = -10V$$

(3) 戴維寧等效電路如下：

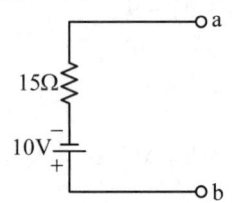

3. 對待測元件取a, b兩點

(1) 求戴維寧等效電阻R_{th}：（電壓源短路）

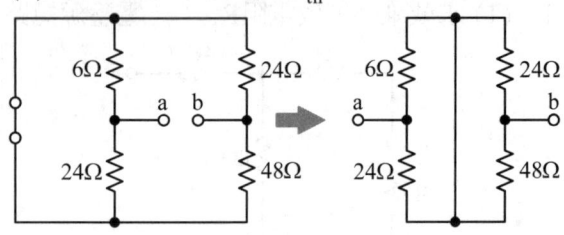

$R_{th} = (6 // 24) + (24 // 48) = 20.8Ω$

(2) 求戴維寧等效電壓E_{th}：（求開路電壓）

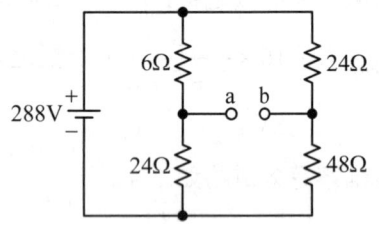

$$E_{ab} = 288 \times \frac{24}{6+24}（分壓）$$
$$- 288 \times \frac{48}{24+48}（分壓）$$
$$= 38.4V$$

(3) 戴維寧等效電路如下：

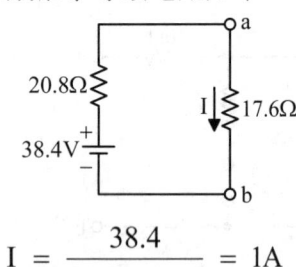

$$I = \frac{38.4}{20.8 + 17.6} = 1A$$

4-4 立即練習 P.4-22

2. 運用**取代法**：（被電壓源5V取代）

(1) 戴維寧等效電壓$E_{th} = 5V$

(2) 戴維寧等效電阻$R_{th} = 6Ω$

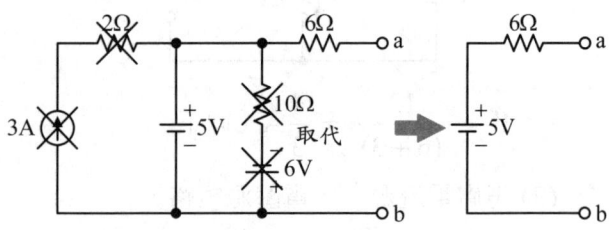

4-5 學生做 P.4-24

1. (1) 諾頓等效電阻R_N：（電壓源短路）

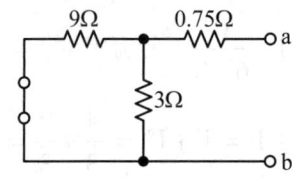

$R_N = 9 // 3 + 0.75 = 3Ω$

(2) 諾頓等效電流I_N：

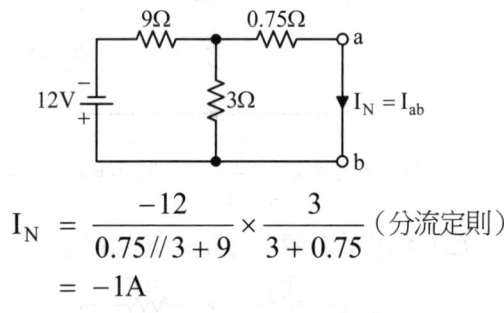

$$I_N = \frac{-12}{0.75 // 3 + 9} \times \frac{3}{3 + 0.75}（分流定則）$$
$$= -1A$$

(3) 諾頓等效電路：

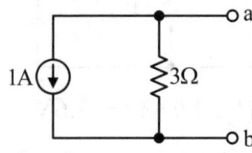

2. (1) 諾頓等效電阻R_N：$\begin{cases}電壓源短路\\電流源開路\end{cases}$

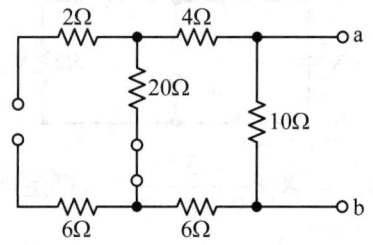

$R_N = 10 // (4 + 20 + 6) = 7.5Ω$

第 4 章 直流網路分析

(2) 諾頓等效電流 I_N：（運用密爾門定理）

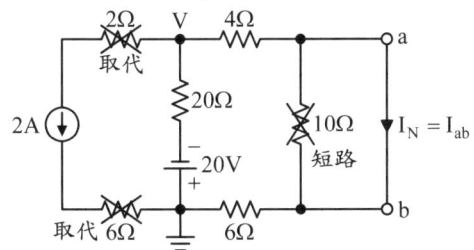

$$V = \frac{-2 + \frac{-20}{20}}{\frac{1}{20} + \frac{1}{10}} = -20V$$

$$I_N = I_{ab} = \frac{-20}{10} = -2A$$

(3) 諾頓等效電路：（電流源電路）

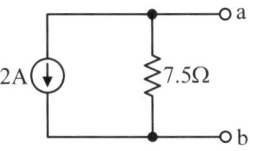

3. (1) $R_N = R_{th} = 5\Omega$

(2) $I_N = \dfrac{E_{th}}{R_{th}} = \dfrac{15}{5} = 3A$

（與標示電流同方向）

4. (1) $R_{th} = R_N = 7\Omega$

(2) $E_{th} = I_N \times R_N = 4 \times 7 = 28V$

（與標示電壓同極性）

4-5 立即練習 P.4-26

2. 運用**取代法**以及將**電流源轉電壓源**後可得

$$I_N = \frac{10 + 20}{4 + 2} = 5A$$

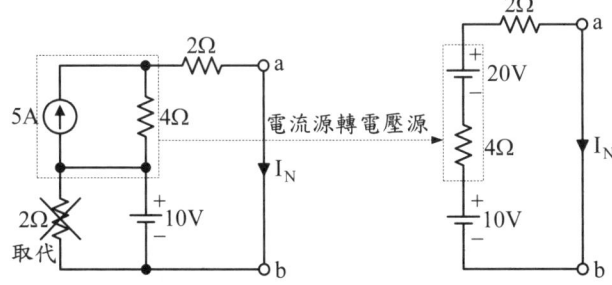

5. (1) 諾頓等效電阻：

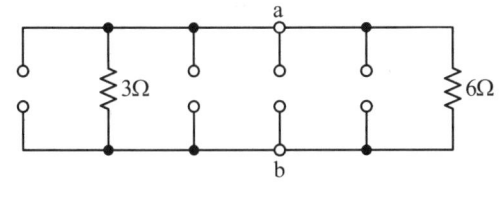

$R_N = 3 // 6 = 2\Omega$

(2) 諾頓等效電流：（運用重疊定理）

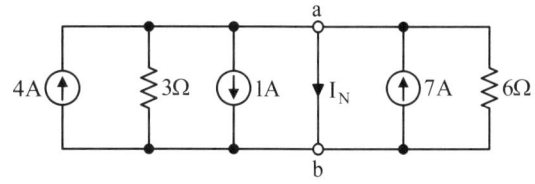

$I_N = 7 + 4 - 1 = 10A$

(3) 諾頓等效電路：

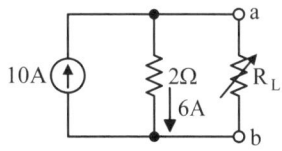

$6 \times 2 = 4 \times R_L \Rightarrow R_L = 3\Omega$

6. (1) 重整電路如下

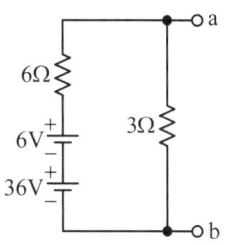

(2) 諾頓電流 $I_N = \dfrac{36 + 6}{6} = 7A$；

諾頓等效電阻 $R_N = 2\Omega$

4-6 學生做 P.4-29

1. (1) $R_L = 4\Omega$

(2) $P_{L(max)} = (6 \times \dfrac{4}{4 + 4})^2 \times 4 = 36W$

2. (1) 化簡為戴維寧等效電路

(2) $R_L = 5\Omega$

(3) $P_{L(max)} = (\dfrac{9}{5 + 5})^2 \times 5$
$= 4.05W$

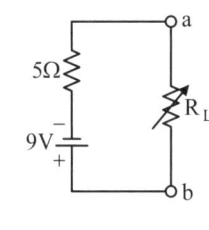

3. (1) 化簡為諾頓等效電路

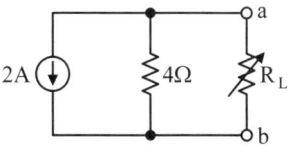

(2) $R_L = 4\Omega$

(3) $P_{L(max)} = (2 \times \dfrac{4}{4 + 4})^2 \times 4 = 4W$

4-6 立即練習

1. $R_{th} = 6 // 6 // 6 = 2\Omega = R_L$時可獲得最大功率轉移。

5. (1) 戴維寧等效電阻$R_{th} = 10\Omega$
   (2) 戴維寧等效電壓$E_{th} = -30V$
   (3) $P_{L(max)} = \dfrac{E_{th}^2}{4R_L} = \dfrac{(-30)^2}{4 \times 10} = 22.5W$

綜合練習

1. 運用節點電壓法：
   $\dfrac{V-12}{6} + \dfrac{V}{3} = 1 \Rightarrow V = 6$伏特(V)
   $\therefore V = 6 + 4 \times 1 = 10$伏特(V)

2. 節點電壓為40V，因此
   $\dfrac{40-30}{5} + 2 + \dfrac{40-E}{3} = 0 \Rightarrow E = 52V$

3. $\dfrac{V}{10k} + \dfrac{V-54}{3k} + \dfrac{V}{15k} = 0$
   $\Rightarrow$ 節點電壓$V = 36V$
   $\Rightarrow V_o = 36 \times \dfrac{4k}{4k+6k} = 14.4V$（分壓定則）

4. $\begin{cases} \dfrac{V_1-6}{3} + \dfrac{V_1}{6} + \dfrac{V_1-V_2}{2} = 0 \\ \dfrac{V_2-V_1}{2} + \dfrac{V_2-32}{8} + \dfrac{V_2}{8} = 0 \end{cases}$
   $\Rightarrow \begin{cases} V_1 = 7V \\ V_2 = 10V \end{cases}$

6. (1) 密爾門定理$V_X = \dfrac{\dfrac{36}{6} + 2}{\dfrac{1}{6} + \dfrac{1}{6}} = 24V$
   (2) $I_1 = \dfrac{36-20}{2} = 8A$
   (3) $I_2 = \dfrac{36-24}{6} = 2A$
   (4) $I_3 = \dfrac{0-24}{6} = -4A$

8. (1) 將電流源2A以及電阻2Ω轉為電壓源4V以及電阻2Ω。
   (2) 列出節點電壓方程式：
   $\dfrac{V_a-(4-3)}{3} + \dfrac{V_a}{3} = 1 \Rightarrow V_a = 2V$

10. (1) 電路的最下方接地，3Ω及6Ω的連接處假設為V
    (2) 列出節點電壓法
    $\dfrac{V-9}{3} + \dfrac{V-0}{6} + 3 = 0 \Rightarrow V = 0$伏特
    (3) 因此，$I_1 = 0A$，$I_2 = 3A$，$I_3 = 12A$，$I_4 = 3A$

12. $\begin{cases} I_a : 5I_a - 4I_b = 10 \\ I_b : -4I_a + 11I_b - 5I_c = 0 \\ I_c : -5I_b + 8I_c = -4 \end{cases}$

13. $\begin{cases} 6I_a + 2I_b = 2 \\ 2I_a + 3I_b = -4 \end{cases} \Rightarrow I_b = -2A$

14. $\begin{cases} I_1 : 6I_1 - 2I_2 - 2I_3 = -20 \\ I_2 : -2I_1 + 8I_2 - 2I_3 = 8 \\ I_3 : I_3 = 5 \end{cases}$
    $\Rightarrow$ 將$I_3 = 5$代入上兩式 $\begin{cases} 6I_1 - 2I_2 = -10 \\ -2I_1 + 8I_2 = 18 \end{cases}$
    可得$I_1 = -1A$，$I_2 = 2A$

15. $V_o = \dfrac{\dfrac{V_1}{60} + \dfrac{V_2}{60}}{\dfrac{1}{60} + \dfrac{1}{30} + \dfrac{1}{60}} = \dfrac{1}{4}V_1 + \dfrac{1}{4}V_2$
    $\therefore 4a + 4b = 2$

16. 連續取兩次密爾門

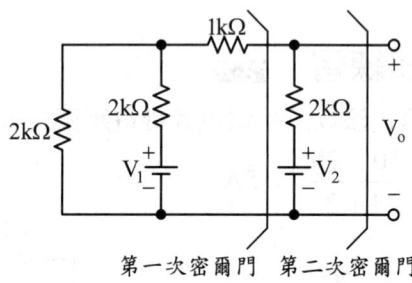

第一次密爾門　第二次密爾門

(1) 第一次密爾門：$\dfrac{1}{2}V_1$串聯2kΩ

(2) 第二次密爾門：
$V_o = \dfrac{\dfrac{0.5V_1}{2k} + \dfrac{V_2}{2k}}{\dfrac{1}{2k} + \dfrac{1}{2k}} = \dfrac{1}{4}V_1 + \dfrac{1}{2}V_2$

$\Rightarrow \begin{cases} a = \dfrac{1}{4} \\ b = \dfrac{1}{2} \end{cases} \Rightarrow a + b = \dfrac{3}{4}$

第 4 章　直流網路分析

19. (1) 運用**接地法**以及**取代法**求等效電壓
$$E_{th} = E_{ab} = 20V$$

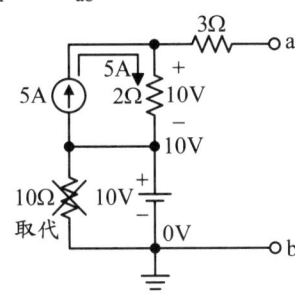

(2) 求等效電阻
$$R_{th} = R_{ab} = 3 + 2 = 5\Omega$$

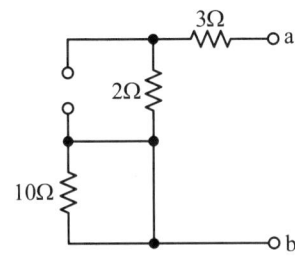

20. (1) 戴維寧等效電壓E_{th}（運用**KVL**）

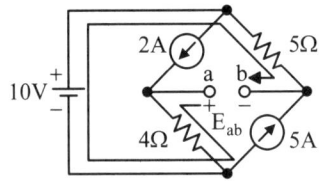

∑電壓升 = ∑電壓降
$$\Rightarrow E_{ab} + 10 + 5 \times 5 = 2 \times 4$$
$$\Rightarrow E_{ab} = -27 \text{ V}$$

(2) 戴維寧等效電阻R_{th}

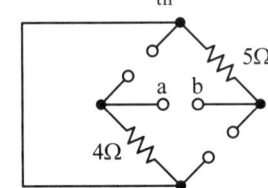

$$R_{th} = 5 + 4 = 9\Omega$$

21. 運用**密爾門定理**一次求解：

(1) $R = 6//3 = 2\Omega$

(2) $E = \dfrac{-1}{\dfrac{1}{3} + \dfrac{1}{6}} = -2V$

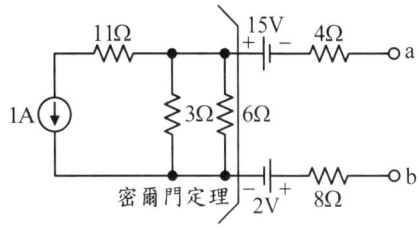

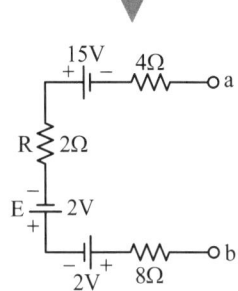

(3) 將電路簡化後可得戴維寧等效電壓
$$E_{th} = -15 - 2 - 2 = -19V\text{；等效電阻}$$
$$R_{th} = 4 + 2 + 8 = 14\Omega$$

22. (1) 取**雙戴維寧等效電路**

(2) $I = \dfrac{30 - 6}{6 + 2 + 2} = 2.4A$

(3) 端點等效電壓
$$\begin{cases} V'_a = V_a = 30 - 6 \times 2.4 = 15.6V \\ V'_b = V_b = 6 + 2 \times 2.4 = 10.8V \end{cases}$$

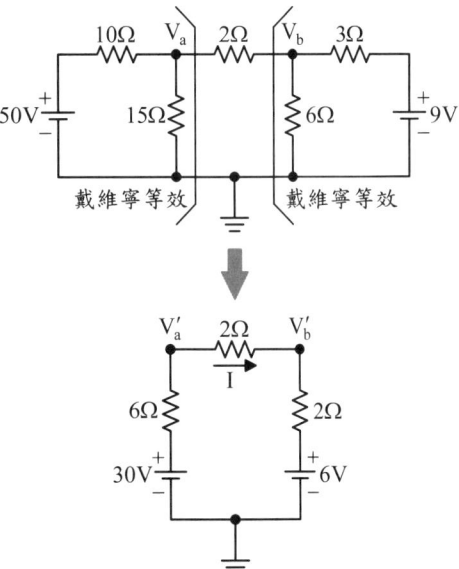

23. (1) 將電阻7Ω移除並設立a, b兩點
    (2) 求戴維寧等效電壓：

    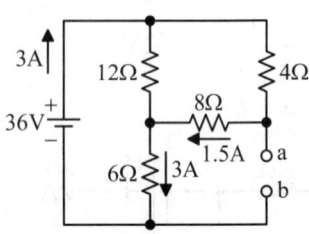

    $E_{th} = 8 \times 1.5 + 3 \times 6 = 30V$

    (3) 求戴維寧電阻：

    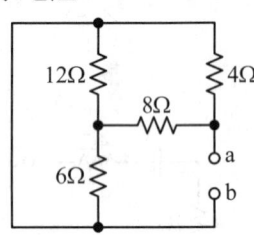

    $R_{th} = (12 // 6 + 8) // 4 = 3\Omega$

    (4) 繪製戴維寧等效電路圖：

    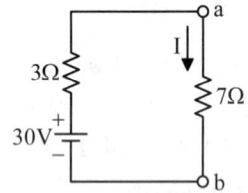

    $I = \dfrac{30}{3+7} = 3A$

28. (1) $E_{th} = 18V \times \dfrac{6\Omega}{6\Omega + 12\Omega} - 4 \times 6$

        $= -18\ V$

    (2) $R_{th} = 12 // 6 + 6 = 10\ \Omega$

29. (1) 將左邊的電路取戴維寧等效電路，且電流源轉為電壓源後，將電路化簡如下：

    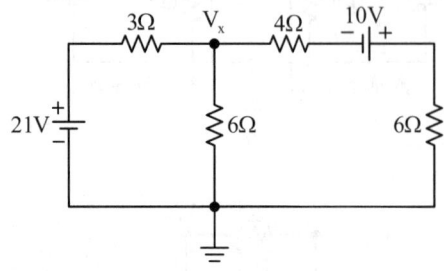

    (2) 運用密爾門定理可得

    $V_x = \dfrac{\dfrac{21}{3} - \dfrac{10}{10}}{\dfrac{1}{3} + \dfrac{1}{6} + \dfrac{1}{10}} = 10\ V$

(3) 電壓源輸出電流為 $\dfrac{12-10}{3} = \dfrac{2}{3} A$，所以

    12V電壓源提供 $P = VI = 12 \times \dfrac{2}{3} = 8\ W$

(4) 原電路中，通過4Ω的電流為向左0.5A，所以電阻4Ω兩端的極性為右正左負2V，所以電流源提供5W

30. (1) 電流源開路且電壓源開路後，電路重整如下

    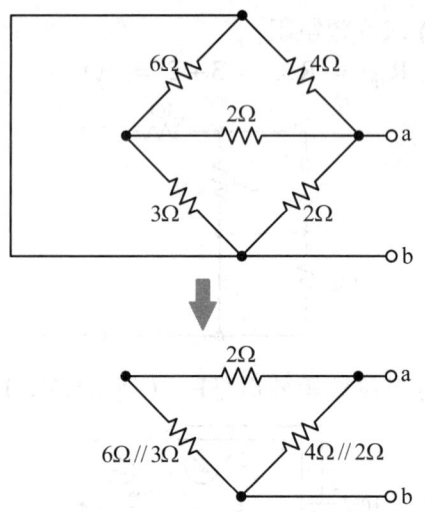

    (2) $R_{ab} = (2\Omega + (6\Omega // 3\Omega)) // (4\Omega // 2\Omega)$

        $= 4\Omega // \dfrac{4}{3}\Omega = 1\Omega$

34. (1) 諾頓等效電阻：

    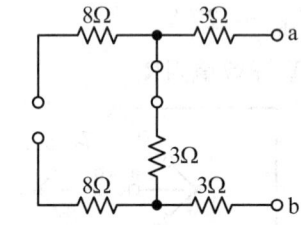

    $R_N = 9\Omega$

    (2) 諾頓等效電流：（重疊定理）

    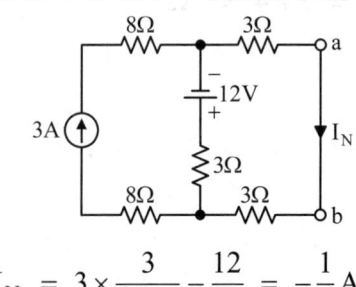

    $I_N = 3 \times \dfrac{3}{3+6} - \dfrac{12}{9} = -\dfrac{1}{3} A$

第 4 章 直流網路分析

(3) 諾頓等效電路：

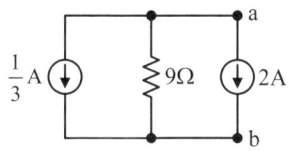

$$P_{9\Omega} = (\frac{1}{3} + 2)^2 \times 9 = 49W$$

35. 將**電流源轉電壓源**：

$$I_{ab} = \frac{12 - 4 \times 8 - 5 \times 2}{8 + 2} = -3A$$

（與標示電流方向相反）

38. (1) $\frac{36}{r+5} = 6 \Rightarrow r = 1\Omega$（電源內阻）

(2) a, c短路時 $I = \frac{36}{1} = 36A$

42. 運用**節點電壓法**：

$$\frac{9-18}{6} + \frac{9-0}{3} + \frac{9-0}{3+R_L} = 3 \Rightarrow R_L = 3\Omega$$

43. (1) 將電路重新整理如下：

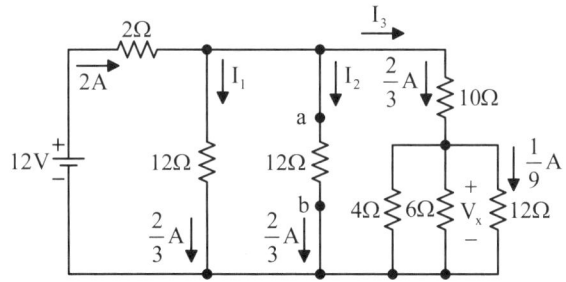

可得 $I_1 = I_2 = I_3 = \frac{2}{3}A$，

所以 $I_1 + I_2 + I_3 = 2A$

(2) 電阻R_3消耗之功率為

$$P = I^2R = (\frac{2}{3})^2 \times 12 = \frac{16}{3}W$$

(3) $V_x = \frac{1}{9} \times 12 = \frac{4}{3}V$

(4) a、b兩端點短路電路為 $\frac{12}{2} = 6A$

46. (1) 戴維寧等效電阻 $R_{th} = 5\Omega$

(2) 戴維寧等效電壓 $E_{th} = 40V$

(3) $P_{L(max)} = \frac{E_{th}^2}{4R_L} = \frac{40^2}{4 \times 5} = 80W$

49. (1) 戴維寧等效電阻 $R_{th} = 10\Omega$

(2) 戴維寧等效電壓 $E_{th} = -20V$

(3) $P_{L(max)} = \frac{E_{th}^2}{4R_L} = \frac{(-20)^2}{4 \times 10} = 10W$

50. (1) $V_{ab} = 30V$ 表示為電壓源電壓

(2) $30 - 1 \times r = 20 \Rightarrow r = 10\Omega$（電源內阻）

52. 每4個串聯成一組後再彼此並聯後的總電阻恰等於負載電阻1Ω，$R_{th} = R_L$，可獲得 P_{max}。

55. 由題意可知：

(1) 內部電壓源為24V

(2) $V_{bc} = \frac{24}{r+6} \times 6 = 12$

$\Rightarrow r = 6\Omega$（電源內阻）

(3) $R_{th} = R_L$，所以外加電阻為0Ω

60. (1) 運用無中生有法，假設通過電阻3Ω的電流為I

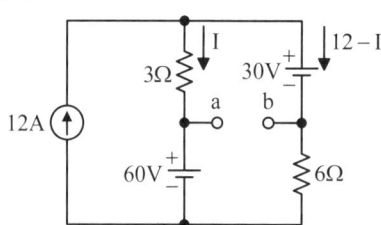

(2) 運用並聯電壓相同，列出關係式

$$3 \times I + 60 = 30 + (12-I) \times 6 \Rightarrow I = \frac{14}{3}A$$

(3) 電路圖的最下方假設為接地點，

$E_a = 60V$，$E_b = (12 - \frac{14}{3}) \times 6 = 44V$

(4) 可得戴維寧等效電壓

$E_{ab} = E_a - E_b = 60V - 44V = 16V$

(5) 戴維寧等效電阻為2Ω

(6) $P_{max} = (\frac{16V}{4\Omega})^2 \times 2\Omega = 32W$

27

實習專區 P.4-40

1. 戴維寧等效電阻等於諾頓等效電阻，
   $R_{th} = R_N = \dfrac{E_{th}}{I_N} = \dfrac{10}{1} = 10\,\Omega$
   （Ⓥ讀值為E_{Th}，Ⓐ讀值為I_N）

2. (1) 戴維寧等效電阻等於諾頓等效電阻，
   $R_{th} = R_N = \dfrac{E_{th}}{I_N} = \dfrac{10}{1} = 10\,\Omega$
   (2) 因此兩個電阻需為20Ω（並聯）

3. (1) 戴維寧等效電阻等於諾頓等效電阻，
   $R_{th} = R_N = \dfrac{E_{th}}{I_N} = \dfrac{20}{5} = 4\,\Omega$
   (2) $P_{max} = \dfrac{E_{th}^{\,2}}{4R_L} = \dfrac{20^2}{4\times 4} = 25\,W$

4. (1) 當開關S打開時，根據題意得知直流電路的戴維寧等效電壓為12V
   (2) 當開關S閉合時，若直流電路的內阻為r：
   $\dfrac{12}{r+R} = 4A \Rightarrow \dfrac{12}{r+2} = 4 \Rightarrow r = 1\,\Omega$
   (3) 開關S閉合時電壓表讀值為
   $12 \times \dfrac{R}{r+R}$（分壓定則）
   $= 12 \times \dfrac{2}{1+2} = 8\,V$

5. 此題運用重疊定理，(a)圖與(c)圖的電流重疊的結果為(b)圖，所以(c)圖為2A

6. (1) 直流線性網路的電壓為12V，內阻為4Ω
   (2) 將一4Ω的電阻接於a、b兩端，則此電阻兩端電壓為6V，
   消耗功率為$\dfrac{6^2}{4} = 9\,W$

7. (1) 只考慮電壓30V，而電流源2A開路，電路為惠斯登電橋，所以流過電阻R_a之電流為0A
   (2) 只考慮電流2A，而電壓源30V短路，流過電阻R_a之電流為
   $2 \times \dfrac{[(6/\!/12)+(6/\!/12)]}{[(6/\!/12)+(6/\!/12)]+2} = 1.6\,A$
   (3) 將情況(1)與(2)重疊，可得流過電阻R_a之電流為1.6A

8. 將電路化簡如下：

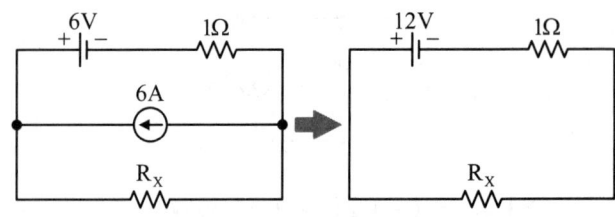

可得$R_X = 1\,\Omega$，$P_{max} = 36\,W$

9. (1) 當開關S斷開時電壓表讀值為12.9V，此為戴維寧等效電壓
   (2) 戴維寧等效電阻為$\dfrac{12.9 - 10.9}{100} = 0.02\,\Omega$

108課綱統測試題 P.4-42

1.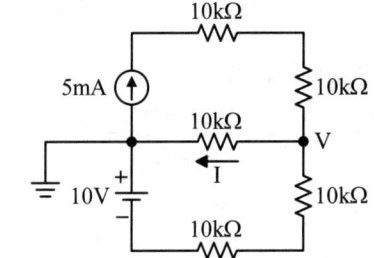

   (1) 運用**節點電壓法**：
   $\dfrac{V-0}{10k\Omega} + \dfrac{V-(-10)}{20k\Omega} = 5mA$
   $\Rightarrow V = 30$伏特
   (2) $I = \dfrac{30V}{10k\Omega} = 3mA$

2. (1) 化簡後的電路

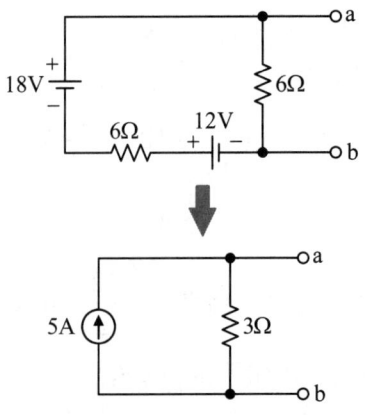

   (2) 諾頓等效電流$I_N = \dfrac{18V + 12V}{6\Omega} = 5A$
   (3) 諾頓等效電阻$R_N = 6\Omega /\!/ 6\Omega = 3\Omega$

第 4 章 直流網路分析

3. (1) 由接地點位置可以得知：$V_a = -4\,V$，$V_b = -3\,V$，$V_c = -1\,V$，$V_d = -7\,V$
   (2) 所以可求得：
   $V_{ac} = V_a - V_c = -4V - (-1V) = -3\,V$
   $V_{ad} = V_a - V_d = -4V - (-7V) = 3\,V$
   $V_{dn} = V_d - V_n = -7V - 0V = -7\,V$
   $V_{cn} = V_c - V_n = -1V - 0V = -1\,V$

4. (1) 將左右兩邊的電流源電路轉為電壓源電路，並假設接地點，如下圖所示：

   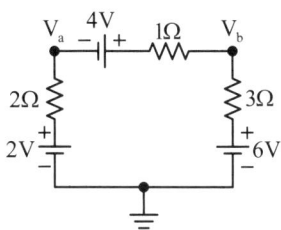

   (2) 上圖通過各元件之電流為0A，因此
   $V_a = 2\,V$，$V_b = 6\,V$
   (3) $I_a = \dfrac{V_a}{2\Omega} = \dfrac{2}{2} = 1\,A$
   $I_b = \dfrac{V_b}{3\Omega} = \dfrac{6}{3} = 2\,A$

5. (1) 將電路化為戴維寧等效電路如下：

   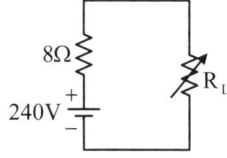

   (2) 當負載電阻$R_L = 8\,\Omega$，可得到
   $P_{max} = \dfrac{240^2}{4 \times 8} = 1800\,W$

6. (1) 將電路最下方接地（如下圖），可以得
   $V_x = -2V + 1V + 3V = 2\,V$
   $V_y = 2\,V$

   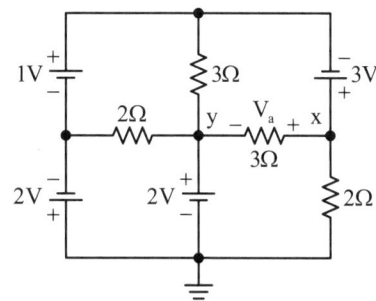

   (2) 因此 $V_a = V_x - V_y = 0\,V$

7. (1) 將電壓源4V兩端取 a、b 兩點（如下圖），求戴維寧等效電壓E_{ab}

   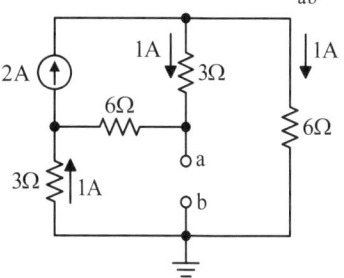

   可得$V_a = 0 - 3 + 6 = 3\,V$，$V_b = 0\,V$，
   戴維寧等效電壓$E_{ab} = 3 - 0 = 3\,V$

   (2) 將電流源開路（如下圖），求戴維寧等效電阻$R_{ab} = 9 // 9 = 4.5\,\Omega$

   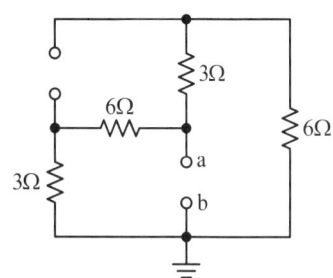

   (3) 繪製成戴維寧等效電路，可以得知電壓源4V提供功率
   $P = VI = 4 \times \dfrac{4-3}{4.5} \approx 0.89\,W$

   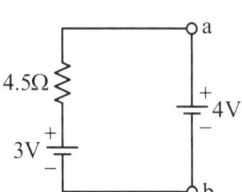

8. (1) 根據密爾門定理，直接列出戴維寧等效電壓
   $V_{Th} = E_{ab} = I \times R = (2 + \dfrac{12}{3}) \times 3 = 18\,V$
   (2) 戴維寧等效電阻$R_{Th} = 3\,\Omega$（電流源開路）

9. (1) 將兩個電流源電路，轉換如下圖

   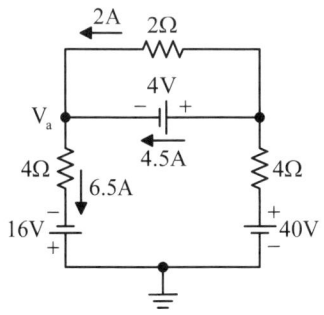

   (2) 可以得知$V_a = -16 + 6.5 \times 4 = 10\,V$

10. (1)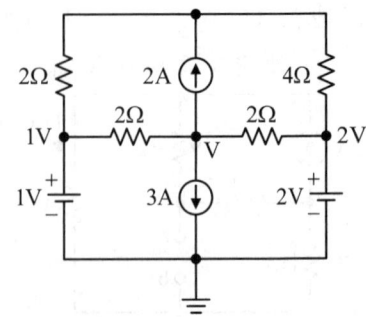

運用密爾門求解

$V = IR$
$= (\frac{1V}{2\Omega} + \frac{2V}{2\Omega} - 2A - 3A) \times (2\Omega // 2\Omega)$
$= -3.5\ V$

(2)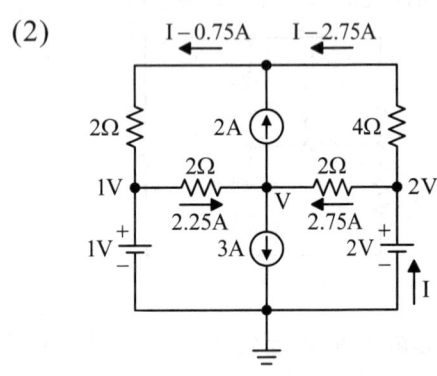

將 V = −3.5 V 代入節點，可以分別求出電流 2.25A 以及 2.75A，並且根據 KCL 可以列出，最外圍元件之電流表示式

(3)

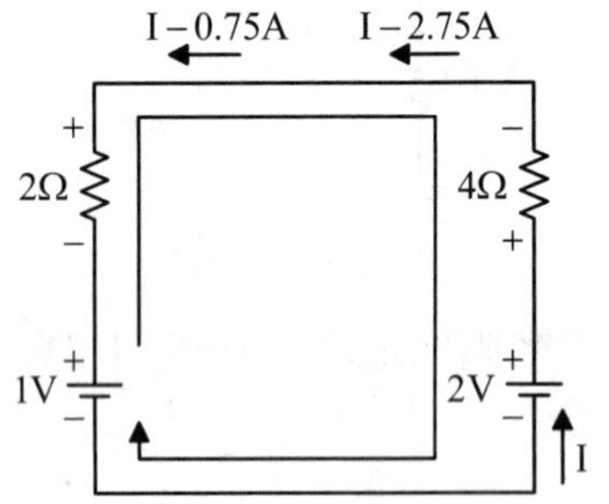

僅針對最外圍迴路，列出 KVL（順時針）的表示式
∑壓升總和 = ∑壓降總和
⇒ $1 + 2 \times (I - 0.75) + 4 \times (I - 2.75) = 2$
⇒ $I = 2.25\ A$

11. (1) 本題運用重疊定理（先考慮16A），可以得知 $V_1' = 20\ V$（分流定則）

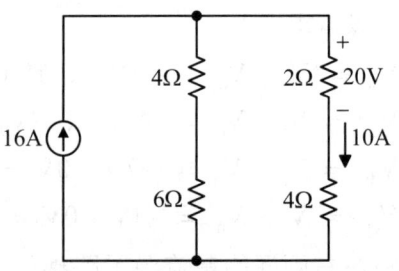

(2) 本題運用重疊定理（再考慮32A），可以得知 $V_1'' = 40\ V$（分流定則）

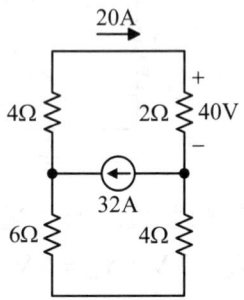

(3) 將兩者電壓合成（重疊），可以得知
$V_1 = V_1' + V_1'' = 20V + 40V = 60\ V$

12. (1) 畫戴維寧等效電路如下圖：

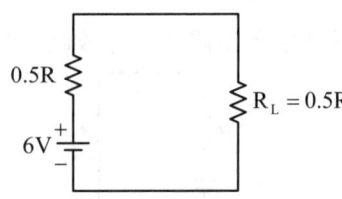

(2) 計算負載電阻 R_L 之電壓
$V_L = 6V \times \dfrac{0.5R}{0.5R + 0.5R} = 3\ V$

(3) 計算負載電阻 R_L
$P_{L\max} = \dfrac{V_L^2}{R_L} \Rightarrow 6mW = \dfrac{3^2}{0.5R}$
$\Rightarrow R = 3\ k\Omega$

13. (1) 本題運用重疊定理（先考慮12A），可以得知 $I' = 4\ A$

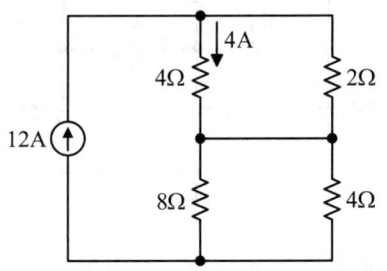

(2) 本題運用重疊定理（再考慮24V），可以得知 I″ = − 4 A

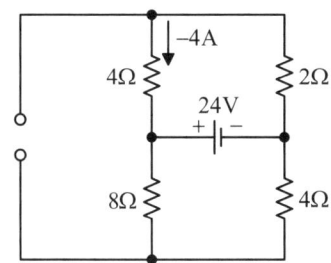

(3) 將兩者電壓合成（重疊），可以得知
I = I′ + I″ = 4A + (−4A) = 0 A

情境素養題 P.4-45

1. (1) TOYOTA，運用中垂線，可得
$R_{ab} = 24 // 30 // 24 = \dfrac{60}{7} \Omega \approx 8.57 \Omega$

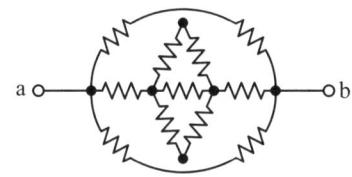

(2) Lexus，$R_{ab} = \dfrac{120}{11}\Omega \approx 11 \Omega$

(3) BENZ，運用惠斯登電橋平衡，
$R_{ab} = 24 // 24 // 24 = 8 \Omega$

3. 電源電流為 $\dfrac{36}{18} = 2$ A

4. 將燒毀處取戴維寧等效電路，電路化簡如下，因此丙、丁最有可能

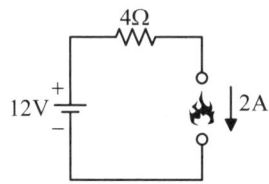

Chapter 5 電容及靜電

5-1 學生做 P.5-4

1. (1) $20 \times 10^4 pF \pm 5\% = 200nF \pm 5\%$
   (2) $22 \times 10^6 pF \pm 10\% = 22\mu F \pm 10\%$

2. $25nF \pm 10\% = 25 \times 10^3 pF \pm 10\% \Rightarrow 253K$

3. $Q = CV = 80n \times 15 = 1200nC = 1.2\mu C$

4. $Q = CV \Rightarrow C = \dfrac{Q}{V} = \dfrac{300n}{12} = 25nF$

5. $W = \dfrac{1}{2} \dfrac{Q^2}{C} = \dfrac{1}{2} \times \dfrac{(100\mu)^2}{25\mu} = 0.2mJ$

6. $C \propto \dfrac{A}{d} \Rightarrow 80\mu F \times \dfrac{2}{0.5} = 320\mu F$

7. (1) $C = \varepsilon \dfrac{A}{d} = 50 \times \dfrac{2 \times 10^{-4}}{1 \times 10^{-2}} = 1F$
   (2) $Q = CV = 1 \times 10 = 10C$
   (3) $W = \dfrac{1}{2}CV^2 = \dfrac{1}{2} \times 1 \times 10^2 = 50J$

8. (1) $C \propto \varepsilon_r \Rightarrow C' = 16\mu F$
   (2) 電壓不變，
   $Q = CV = 16\mu \times 18 = 288\mu C$

9. (1) $C \propto \varepsilon_r \Rightarrow C' = \dfrac{60\mu F}{2.5} = 24\mu F$
   (2) 電荷守恆（Q）不變：
   $V' = 10 \times 2.5 = 25V$
   (3) $Q = CV$
   $= \begin{cases} 60\mu \times 10 = 600\mu C \\ 24\mu \times 25 = 600\mu C \end{cases}$（前後守恆）

5-1 立即練習 P.5-6

3. $Q = CV = 100 \times 10^{-6} \times (100 - 50) = 5mC$

4. $W = \dfrac{1}{2}CV^2 = \dfrac{1}{2} \times 100 \times 10^{-6} \times (100^2 - 50^2)$
   $= 0.375J$

5-2 學生做 P.5-9

1. (1) $C_T = 20\mu F // 30\mu F = 12\mu F$
   (2) $Q_T = C_T \times V = 12\mu F \times 80V = 960\mu C$
   (3) $\begin{cases} V_1 = \dfrac{960\mu C}{20\mu F} = 48V \\ V_2 = \dfrac{960\mu C}{30\mu F} = 32V \end{cases}$
   (4) $\begin{cases} W_1 = \dfrac{1}{2}CV^2 = \dfrac{1}{2} \times 20\mu \times 48^2 = 23.04mJ \\ W_2 = \dfrac{1}{2}CV^2 = \dfrac{1}{2} \times 30\mu \times 32^2 = 15.36mJ \end{cases}$

2.
   (1) $Q_T = (25V + 35V) \times (6\mu F // 3\mu F) = 120\mu C$
   (2) $\begin{cases} V_1 = 25 - \dfrac{120\mu C}{6\mu F} = 5V \\ V_2 = -35 + \dfrac{120\mu C}{3\mu F} = 5V \end{cases}$

3. (1) $Q_T = 90V \times (6\mu F // C_X)$
   (2) $V = 30V = \dfrac{90 \times (6\mu F // C_X)}{C_X}$
   $\Rightarrow C_X = 12\mu F$

4. $Q_1 = C_1 \cdot V_1 = 20\mu F \cdot 20V = 400\mu C$（以此為主）
   $Q_2 = C_2 \cdot V_2 = 30\mu F \cdot 18V = 540\mu C$
   $Q_3 = C_3 \cdot V_3 = 24\mu F \cdot 20V = 480\mu C$
   $V_T = \dfrac{Q_T}{C_T}$
   $\Rightarrow V_T = \dfrac{400\mu C}{(20\mu F // 30\mu F // 24\mu F)} = 50V$

5-2 立即練習 P.5-11

4. (1) 總電容量
   $C_T = 90\mu F // 180\mu F // 30\mu F = 20\mu F$
   (2) 總電荷量
   $Q_T = C_T V_T = 20\mu \times 60 = 1200\mu C$
   (3) $V_{C3} = \dfrac{1200\mu C}{30\mu F} = 40V$
   (4) $W_{C1} = \dfrac{1}{2} \dfrac{Q^2}{C_1} = \dfrac{1}{2} \dfrac{(1200\mu)^2}{90\mu} = 8mJ$

第 5 章　電容及靜電

5. 串聯電路電荷量Q為定值：$W = \frac{1}{2}\frac{Q^2}{C}$。

$W_{C1} : W_{C2} : W_{C3} = \frac{1}{C_1} : \frac{1}{C_2} : \frac{1}{C_3} = \frac{1}{1} : \frac{1}{2} : \frac{1}{3}$
$= 6 : 3 : 2$

5-3學生做　P.5-12

1. (1) $C_T = 5\mu F + 7\mu F + 9\mu F = 21\mu F$

   (2) $Q_T = C_T \times V_T = 21\mu F \times 20V = 420\mu C$

   (3) $\begin{cases} Q_1 = C_1 V_T = 5\mu F \times 20 = 100\mu C \\ Q_2 = C_2 V_T = 7\mu F \times 20 = 140\mu C \\ Q_3 = C_3 V_T = 9\mu F \times 20 = 180\mu C \end{cases}$

   (4) $\begin{cases} W_1 = \frac{1}{2}C_1 V_T^2 = \frac{1}{2} \times 5\mu \times 20^2 = 1mJ \\ W_2 = \frac{1}{2}C_2 V_T^2 = \frac{1}{2} \times 7\mu \times 20^2 = 1.4mJ \\ W_3 = \frac{1}{2}C_3 V_T^2 = \frac{1}{2} \times 9\mu \times 20^2 = 1.8mJ \end{cases}$

2. $C_{ab} = \{[(36\mu 串 12\mu 串 18\mu) 並 6\mu] 串 3\mu 串 4\mu\}$
   　　　並 3.5μ

   $C_{ab} = \{[(36\mu // 12\mu // 18\mu) + 6\mu] // 3\mu // 4\mu\}$
   　　　$+ 3.5\mu$
   　　　$= 5\mu F$

3. 以額定電壓較小者為基準
   等效電容器為9μF / 30V

4. (1) $C_T = 12\mu F = (12\mu + 8\mu) // C_1$
      $\Rightarrow C_1 = 30\mu F$

   (2) C_2與C_3端電壓相同：
      $\frac{144\mu}{8\mu} = \frac{Q_2}{12\mu} \Rightarrow Q_2 = 216\mu C$
      KCL：$Q_1 = Q_2 + Q_3 = Q_T$
      　　　　　$= 144\mu C + 216\mu C = 360\mu C$
      $\therefore V_T = \frac{Q_T}{C_T} = \frac{360\mu}{12\mu} = 30V$

5-3立即練習　P.5-14

2. $C_{ab} = [(3+3)//6] + (10//15) = 3 + 6$
   　　　$= 9\mu F$

5-4學生做　P.5-15

1. $F = \frac{9 \times 10^9}{1} \times \frac{0.03 \times 0.04}{12^2}$
   　$= 7.5 \times 10^4$(牛頓)（吸引力）

2. $F = \frac{9 \times 10^9}{\varepsilon_r} \times \frac{Q_1 \times Q_2}{d^2} \Rightarrow 90 = \frac{9 \times 10^9}{1} \times \frac{Q^2}{10^2}$
   $Q = \pm 10^{-3}$ C（兩電荷的電性必相反）

3. $F = \frac{9 \times 10^9}{1} \times \frac{3 \times 10^{-6} \times 3 \times 10^{-6}}{0.09^2} = 10Nt$
   $F = \sqrt{10^2 + 10^2 - 2 \times 10 \times 10 \times \cos 60°}$
   　$= 10Nt$（向右）

5-4立即練習　P.5-16

1. (1) A點對C點以及B點對C點的作用力皆相同：
      $F = \frac{9 \times 10^9}{1} \times \frac{100 \times 10^{-6} \times 100 \times 10^{-6}}{2^2}$
      　$= 22.5Nt$

   (2) 兩者的合力
      $F = \sqrt{22.5^2 + 22.5^2 - 2 \times 22.5 \times 22.5 \times \cos 90°}$
      　$= 22.5\sqrt{2} Nt \angle -135°$

5-5學生做　P.5-18

1. $E = K\frac{Q}{R^2} = \frac{9 \times 10^9}{1} \times \frac{4}{0.02^2}$
   　$= 9 \times 10^{13}$ (Nt/C)（向內）

2. $\psi = Q = 10$ 庫倫

3. $D = \frac{\psi}{A} = \frac{1}{4\pi \times 0.01^2} = \frac{2500}{\pi}$ (C/m²)

4. (1) $E = 0$

   (2) $E = \frac{9 \times 10^9}{1} \times \frac{45 \times 10^{-6}}{0.03^2}$
      　$= 4.5 \times 10^8$（牛頓／庫倫）

   (3) $E = \frac{9 \times 10^9}{1} \times \frac{45 \times 10^{-6}}{0.05^2}$
      　$= 1.62 \times 10^8$（牛頓／庫倫）

5-5立即練習　P.5-19

4. $E = \dfrac{F}{Q} = \dfrac{40}{5} = 8\text{Nt}/\text{C}$

5. (1) Q_1 對 P 點：

   $E = \dfrac{9 \times 10^9}{1} \times \dfrac{1.2 \times 10^{-9}}{0.5^2}$

   $= 43.2 (\text{Nt}/\text{C})$（向右）

   (2) Q_2 對 P 點：（向右）

   $E = \dfrac{9 \times 10^9}{1} \times \dfrac{1 \times 10^{-9}}{0.5^2}$

   $= 36 (\text{Nt}/\text{C})$（向右）

   (3) 合成的電場為

   $43.2 + 36 = 79.2 (\text{Nt}/\text{C})$（向右）

5-6學生做　P.5-22

1. $V = K\dfrac{Q}{d} = \dfrac{9 \times 10^9}{1} \times \dfrac{5 \times 10^{-9}}{4}$

   $= 11.25\text{V}$（伏特）

2. $W = K\dfrac{Q_1 Q_2}{d}$

   $= \dfrac{9 \times 10^9}{1} \times \dfrac{4 \times 10^{-6} \times 5 \times 10^{-6}}{0.25}$

   $= 0.72$ 焦耳

3. (1) $V = K\dfrac{Q}{r} = \dfrac{9 \times 10^9}{1} \times \dfrac{18 \times 10^{-9}}{0.03}$

   $= 5400\text{V}$（伏特）

   （球內電位等於球面電位）

   (2) $V = K\dfrac{Q}{R} = \dfrac{9 \times 10^9}{1} \times \dfrac{18 \times 10^{-9}}{0.04}$

   $= 4050\text{V}$（伏特）

4. $g = \dfrac{V}{d}$

   $\Rightarrow V = g \times d = 30\text{kV}/\text{cm} \times 0.3\text{cm} = 9\text{kV}$

5-6立即練習　P.5-23

1. $V_a = K\dfrac{Q}{R}$

   $\Rightarrow 9 \times 10^9 \times \dfrac{4 \times 10^{-9}}{1} - 9 \times 10^9 \times \dfrac{2 \times 10^{-9}}{3}$

   $= 30\text{V}$

2. $V_b = K\dfrac{Q}{R}$

   $\Rightarrow 9 \times 10^9 \times \dfrac{4 \times 10^{-9}}{1} - 9 \times 10^9 \times \dfrac{2 \times 10^{-9}}{1}$

   $= 18\text{V}$

4. $\dfrac{30\text{kV}}{\text{cm}} = \dfrac{X}{3\text{mm}} \Rightarrow \dfrac{30\text{kV}}{\text{cm}} = \dfrac{X}{3 \times 10^{-3} \times 10^2 \text{cm}}$

   $\Rightarrow X = 9\text{kV}$

綜合練習　P.5-24

5. $C = \varepsilon\dfrac{A}{d}$，極板間距減半，則電容量變為原來的2倍，且電源電壓不變，因此：

   $W = \dfrac{1}{2}CV^2$

   $\Rightarrow 16 : W = \dfrac{1}{2}CV^2 : \dfrac{1}{2} \cdot 2C \cdot V^2$

   $\Rightarrow 16 : W = \dfrac{1}{2} : 1$

   $\Rightarrow W = 32\text{J}$（焦耳）

6. $C = \varepsilon\dfrac{A}{d}$，極板間距減半，則電容量變為原來的2倍，且將電源移除後電荷守恆，因此：

   $W = \dfrac{1}{2}\dfrac{Q^2}{C} \Rightarrow 16 : W = \dfrac{1}{2}\dfrac{Q^2}{C} : \dfrac{1}{2} \cdot \dfrac{Q^2}{2C}$

   $\Rightarrow 16 : W = \dfrac{1}{2} : \dfrac{1}{4}$

   $\Rightarrow W = 8\text{J}$（焦耳）

9. $W = \dfrac{1}{2}CV^2 \Rightarrow 8 = \dfrac{1}{2} \times C \times 400^2$

   $\Rightarrow C = 100\mu\text{F}$

11. $W = \dfrac{1}{2}CV^2 = \dfrac{1}{2} \times 100\mu \times 100^2 = 0.5\text{J}$

12. $C = 33 \times 10^0 \text{pF} = 33 \times 10^{-12} \text{F}$

13. (1) $Q = CV = 100\mu \times 100 = 0.01\text{C}$

    (2) $W = \dfrac{1}{2}CV^2 = \dfrac{1}{2} \times 100\mu \times 100^2 = 0.5\text{J}$

第5章 電容及靜電

14. $W = \frac{1}{2}\frac{Q^2}{C} \Rightarrow 150m = \frac{1}{2} \times \frac{(3000\mu)^2}{C}$
    $\Rightarrow C = 30\mu F$

15. $C = \varepsilon\frac{A}{d} \Rightarrow$ 極板距離d減半，且電容量要增加為8倍，因此截面積需增為原來的4倍

17. $C_T = C_1 // C_2 // C_3 = 2\mu // 3\mu // 5\mu = \frac{30}{31}\mu F$
    $\Rightarrow A + B = 30 + 31 = 61$

24. (1) 在電容器兩端取a, b兩點，可得戴維寧等效電路如下。

    (2) $W = \frac{1}{2}CV^2 = \frac{1}{2} \times 5\mu \times 20^2 = 1mJ$

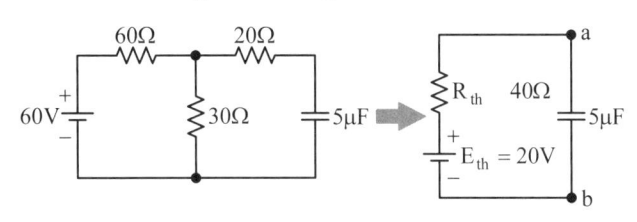

26. $Q = CV \Rightarrow 100\mu\mu \times 100 = C_T \times 600$
    $\Rightarrow C_T = \frac{50}{3}\mu\mu F$
    $\therefore (100 // C) = \frac{50}{3} \Rightarrow C = 20(\mu\mu F)$

30. (1) $Q_1 = C_1 \times V_1 = 2\mu F \times 300V = 600\mu C$
    (2) $Q_2 = C_2 \times V_2 = 6\mu F \times 500V = 3000\mu C$
    (3) 以電荷量最小的Q_1為主
    (4) 總耐壓$V = \frac{Q_1}{C_T} = \frac{600\mu C}{(2\mu F // 6\mu F)} = 400 V$

35. (1) $243 = 24 \times 10^3 pF = 24 nF$
    (2) $123 = 12 \times 10^3 pF = 12 nF$
    (3) $802 = 80 \times 10^2 pF = 8 nF$
    (4) $C_{ab} = (24 // 12) + 8 = 16 nF$（先串再並）

36. (1) $Q = It = CV$
    $\Rightarrow 1m \times 60 = C_1 \times 100$
    $\Rightarrow C_1 = 600\mu F$
    (2) $Q = It = C_2 V$
    $\Rightarrow 1m \times 60 = C_2 \times 200$
    $\Rightarrow C_2 = 300\mu F$

37. $C_{ab} = 6\mu F // 2\mu F = 1.5\mu F$

42. (1) $-8\mu C$對$2\mu C$的作用力
    $F_1 = \frac{9 \times 10^9}{1} \times \frac{8 \times 10^{-6} \times 2 \times 10^{-6}}{2^2}$
    $= 0.036Nt$（向左）
    (2) $-4\mu C$對$2\mu C$的作用力
    $F_1 = \frac{9 \times 10^9}{1} \times \frac{2 \times 10^{-6} \times 4 \times 10^{-6}}{2^2}$
    $= 0.018Nt$（向右）
    (3) 整體受力（合力）
    $F = 0.036 - 0.018 = 0.018Nt$（向左）

45. $F = K\frac{Q_1 \times Q_2}{d^2} \Rightarrow F \propto \frac{1}{d^2}$
    $\Rightarrow 3 : F = \frac{1}{2^2} : \frac{1}{4^2}$
    $\Rightarrow F = 0.75Nt$

46. (1) 帶電球體表面電通密度$D = \frac{Q}{4\pi R^2}$
    (2) $E = \frac{D}{\varepsilon} = \frac{Q}{4\pi\varepsilon R^2}$

49. $E = K\frac{Q}{R^2} \Rightarrow 9 \times 10^9 = \frac{9 \times 10^9}{1} \times \frac{Q}{0.1^2}$
    $\Rightarrow Q = 0.01$庫倫
    因電場方向指向球心故該球體帶負電。

51. $E = \frac{F}{Q}$（電子帶電量為1.6×10^{-9}庫倫）
    $\Rightarrow F = E \times Q = 6.25 \times 10^{18} \times 1.6 \times 10^{-19}$
    $= 1Nt$

53. $E = \frac{F}{Q} = \frac{0.06}{200 \times 10^{-6}} = 300Nt/C$

56. 在三角形的頂點處曲率較大，因此電荷分佈較多。

59. $V = K\frac{Q}{R} = \frac{9 \times 10^9}{1} \times \frac{-4 \times 10^{-8}}{2} = -180V$

66. $E = g = \frac{V}{d} = \frac{D}{\varepsilon}$
    $\Rightarrow \frac{V}{0.01} = \frac{8.85 \times 10^{-9}}{8.85 \times 10^{-12}} \Rightarrow V = 10V$

69. $V = K\frac{Q}{R} \Rightarrow 144 = 9 \times 10^9 \times \frac{0.04 \times 10^{-6}}{R}$
    $\Rightarrow R = 2.5$（公尺）

70. 介質強度 $= \frac{V}{d} = \frac{100kV}{2mm} = 50 MV/m$

35

108課綱統測試題

1. $C = \varepsilon \dfrac{A}{d} \Rightarrow C \propto \dfrac{A}{d} \Rightarrow \dfrac{0.5}{2} = 0.25$

2. (1) 總電容量C_T
   $= C_1$串聯$(C_2$並聯$C_3)$
   $= 10\mu F // (20\mu F + 30\mu F) = \dfrac{25}{3}\mu F$

   (2) 總電荷量Q_T
   $= C_T \times V_S = \dfrac{25}{3}\mu F \times 120V = 1000\,\mu C$

   (3) 電壓$V_1 = \dfrac{Q_T}{C_1} = \dfrac{1000\mu C}{10\mu F} = 100\,V$，
   電壓$V_2 = V_S - V_1$
   $= 120V - 100V = 20\,V$

3. $C_{ab} = 3\mu$串$\{[(4\mu$並$2\mu)$串$6\mu]$並$9\mu\}$串12μ
   $= 3\mu // \{[(4\mu + 2\mu) // 6\mu] + 9\mu\} // 12\mu$
   $= 2\,\mu F$

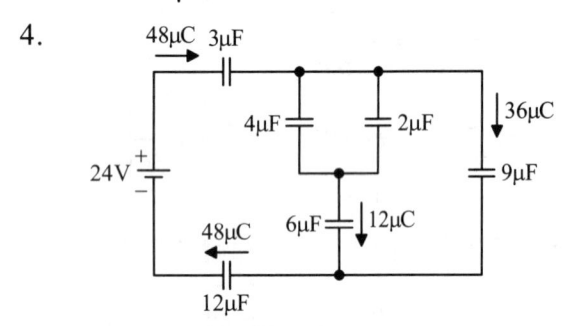

4.

   電壓表的讀值即為$6\mu F$兩端之電壓，
   即$V = \dfrac{Q}{C} = \dfrac{12\mu C}{6\mu F} = 2\,V$

5. (1) $Q = It = 1mA \times 10(秒) = 10\,mC$

   (2) $W = \dfrac{1}{2} \times \dfrac{Q^2}{C} \Rightarrow 10 = \dfrac{1}{2} \times \dfrac{(10m)^2}{C}$
   $\Rightarrow C = 5\,\mu F$

情境素養題

2. 真正判別行動電源可充電的電量必須參考額定容量，並非電池容量，三個電池的電壓皆為5.1V，又以超猛牌行動電源為6500mAH，所以超猛牌行動電源的最大可充電量較大。

3. $W = Pt = VIt$
   $= 5.1(V) \times 6400(mA) \times 1(hr)$
   $= 32.64$瓦特-小時

4. $W = Pt = VIt$
   $= 5.1(V) \times 6300(mA) \times 1(hr)$
   $= 32.13$瓦特-小時
   因此可以讓5.1瓦特的燈泡點亮6.3小時。

5. 電容器並聯時的總電容量C最大，所以放電時燈泡亮的時間較久。

Chapter 6 電感及電磁

6-1 學生做 `P.6-4`

1. $H = \dfrac{F}{M} = \dfrac{60}{60}$
   $= 1$ 牛頓 / 韋伯（Nt/Wb）

2. $H = K\dfrac{M}{d^2} = \dfrac{6.33 \times 10^4}{1} \times \dfrac{2 \times 10^{-3}}{0.04^2}$
   $= 79125$ 牛頓 / 韋伯

3. $F = \dfrac{6.33 \times 10^4}{\mu_r} \times \dfrac{M_1 \times M_2}{d^2}$
   $= \dfrac{6.33 \times 10^4}{1} \times \dfrac{0.02 \times 0.04}{1^2}$
   $F = 50.64$ Nt（牛頓）

4. $F = \dfrac{6.33 \times 10^4}{\mu_r} \times \dfrac{M_1 \times M_2}{d^2}$
   $6.33 = \dfrac{6.33 \times 10^4}{1} \times \dfrac{0.05 \times M_2}{5^2}$
   $\Rightarrow M_2 = 0.05$ Wb

5. $H = \dfrac{I}{2\pi d} = \dfrac{20}{2 \times \pi \times 2}$
   $= \dfrac{5}{\pi}$ 牛頓 / 韋伯（安匝 / 公尺）

6. $H = \dfrac{N \times I}{2r} = \dfrac{20 \times 0.6}{2 \times 0.1}$
   $= 60$ 牛頓 / 韋伯（安匝 / 公尺）

7. $H = \dfrac{NI}{\ell} = \dfrac{100 \times 2}{0.05}$
   $= 4000$ 牛頓 / 韋伯（安匝 / 公尺）

6-1 立即練習 `P.6-6`

3. $H = \dfrac{I}{2\pi d} = \dfrac{31.4}{2 \times \pi \times 1}$
   $= 5$ 安匝 / 公尺（AT/m）

4. $H = \dfrac{I}{2\pi d}$
   $\Rightarrow 12 : H = \dfrac{I}{2\pi \times 4} : \dfrac{0.5I}{2\pi \times 2}$
   $\Rightarrow H = 12$ 安匝 / 公尺

5. $H = \dfrac{I}{2\pi d}$（直線）$+ \dfrac{I}{2r}$（圓形）
   $= \dfrac{31.4}{2\pi \times 1} + \dfrac{31.4}{2 \times 1}$
   $= 5 + 5\pi = 5(1+\pi)$ 安匝 / 公尺

6-2 學生做 `P.6-8`

1. $B = \dfrac{\phi}{A} = \dfrac{2 \times 10^8}{10} = 2 \times 10^7$ 高斯

2. $H = \dfrac{B}{\mu} = \dfrac{2\pi \times 10^{-6}}{4\pi \times 10^{-7}} = 5$ 牛頓 / 韋伯

3. $\mathcal{F} = NI \Rightarrow 60 = N \times 5 \; ; \; N = 12$ 匝
   通過 10A 時的磁動勢
   $\mathcal{F} = NI = 12 \times 10 = 120$ 安匝（AT）

4. $\mathcal{R} = \dfrac{\ell}{\mu \times A}$
   $= \dfrac{20\pi}{4\pi \times 10^{-7} \times 1000 \times 0.4 \times 10^{-4}}$
   $= 1.25 \times 10^9$ (AT / Wb)

6-2 立即練習 `P.6-9`

5. $\mathcal{R} = \dfrac{\ell}{\mu \times A} = \dfrac{\ell}{\mu_0 \times \mu_r \times A}$
   $= \dfrac{0.1}{4\pi \times 10^{-7} \times \dfrac{2000}{\pi} \times 2 \times 10^{-4}}$
   $= 6.25 \times 10^5$ 安匝 / 韋伯（AT/Wb）

6. $\mathcal{F} = NI = 50 \times 4 = 200$ AT

7. $\mathcal{F} = \phi \mathcal{R} \Rightarrow \phi = \dfrac{200}{6.25 \times 10^5} = 0.32$ m(Wb)
   $= 3.2 \times 10^4$ (Lines)

6-3 學生做 `P.6-12`

1. $E_{av} = N\left|\dfrac{\Delta\phi}{\Delta t}\right|$
   $= 15 \times \left|\dfrac{(10 \times 10^8 - 2 \times 10^8) \times 10^{-8}}{3}\right|$
   $= 40$ V

2. $E_{av} = N\left|\dfrac{\Delta\phi}{\Delta t}\right| = N \times \left|\dfrac{4 \times 10^8 \times 10^{-8}}{8}\right| = 16$ V
   $\Rightarrow N = 32$ 匝

3. 當可變電阻R逐漸減少，則向右的磁通量逐漸增加，**根據楞次定律**，左邊的線圈會產生一個向左的反抗磁通避免磁通增強，以**右手螺旋定則**可以判斷，$V_{ab} < 0$，電流由b → a。

4. 根據**右手安培定則**，可判斷A點的磁場方向為流出紙面；B點的磁場方向為流入紙面。
   兩者磁場強度的大小皆相同：
   $|H_A| = |H_B| = \dfrac{I}{2\pi d} = \dfrac{10}{2\pi \times 0.05}$
   $= \dfrac{100}{\pi}$(Nt／Wb)

5. (1) 根據**佛萊銘右手定則，感應電流向下**。
   (2) 感應電勢$E = B \times \ell \times v \times \sin\theta$
   $E = 5 \times \dfrac{10}{100} \times 2 \times \sin 90° = 1$伏特（V）

6. (1) 根據**佛萊銘左手定則，導體運動向上**。
   (2) 受力大小$F = B \times \ell \times I \times \sin\theta$
   $F = B \times \ell \times I \times \sin\theta$
   $= \dfrac{8000}{10^4} \times \dfrac{50}{100} \times 4 \times \sin 90°$
   $= 1.6$牛頓

7. $F = q \times v \times B \times \sin\theta$
   $F = 10m \times 10 \times 5 \times \sin 90°$
   $= 0.5$牛頓（向右偏轉）
   （負電荷向下，相當於正電荷向上）

8. $F = \dfrac{2 \times 10^{-7} \times \mu_r \times \ell \times I_1 \times I_2}{d}$
   $F = \dfrac{2 \times 10^{-7} \times 10 \times 1000 \times 4 \times 3}{0.5}$
   $= 0.048$牛頓（排斥力）

6-3立即練習 P.6-15

2. (1) 根據楞次定律，當磁通增強，線圈會反抗磁通增強，根據右手螺旋定則，則磁通向左。
   (2) $E_{ab} = N\dfrac{\Delta\phi}{\Delta t} = 40 \times \dfrac{0.7 - 0.82}{0.2} = -24V$

6. $F = \dfrac{2 \times 10^{-7} \times \mu_r \times \ell \times I_1 \times I_2}{d}$
   $= \dfrac{2 \times 10^{-7} \times 1 \times 1 \times 10 \times 5}{0.2}$
   $= 5 \times 10^{-5}$牛頓（Nt）

6-4學生做 P.6-17

1. $M = K \times \sqrt{L_1 \times L_2} = 0.6 \times \sqrt{30m \times 30m}$
   $= 18$mH

2. (1) $L_1 = \dfrac{N_1 \times \phi_1}{I_1} = \dfrac{500 \times 10m}{8} = 625$mH
   (2) $M = \dfrac{N_2 \times \phi_{12}}{I_1} = \dfrac{400 \times 6m}{8} = 300$mH
   (3) $K = \dfrac{\phi_{12}}{\phi_1} = \dfrac{6m(Wb)}{10m(Wb)} = 0.6$
   (4) $M = K \times \sqrt{L_1 \times L_2}$
   $\Rightarrow 300m = 0.6 \times \sqrt{625m \times L_2}$
   $L_2 = 400$mH

3. $L = \dfrac{N^2}{\mathcal{R}} = \dfrac{50^2}{10^4} = 0.25$亨利（H）

4. $L = \dfrac{N^2}{\mathcal{R}} \Rightarrow L \propto N^2 \Rightarrow 36:16 = 60^2:N^2$
   $\Rightarrow N = 40$匝
   60匝 − 40匝 = 20匝（減去20匝）

6-4立即練習 P.6-18

2. $M = K \times \sqrt{L_1 \times L_2}$
   $\Rightarrow M = 0.8 \times \sqrt{100m \times 400m} = 160$mH

3. $M = K \times \sqrt{L \times L}$
   $\Rightarrow 0.54 = 0.9 \times L \Rightarrow L = 0.6$H

5. $M_{12} = M_{21} = \dfrac{N_2 \times \phi_{12}}{I_1} = \dfrac{N_1 \times \phi_{21}}{I_2}$

6. $L = \dfrac{N^2}{\mathcal{R}} \Rightarrow L \propto N^2$
   $\Rightarrow 40mH:L = 800^2:200^2$
   $\Rightarrow L = 2.5$mH

7. $L \propto N^2 \Rightarrow 5mH:L = 50^2:100^2$
   $\Rightarrow L = 20$mH

6-5學生做 P.6-21

1. $L_T = L_1 + L_2 = 3H + 2H = 5H$

2. （串聯互消型態）
   $L_{1T} = 6 - 1 = 5H$；$L_{2T} = 7 - 1 = 6H$
   總電感量$L_T = L_{1T} + L_{2T} = 5H + 6H = 11H$

3. $L_T = L_1 // L_2 = 3H // 6H = 2H$

第 6 章　電感及電磁

4. （並聯互消）
$$L_T = L_{ab} = \frac{L_1 \times L_2 - M^2}{L_1 + L_2 + 2M} = \frac{5 \times 3 - 1^2}{5 + 3 + 2 \times 1}$$
$$= 1.4H$$

5. $L_{1T} = L_1 - M_{12} + M_{13} = 7 - 3 + 2 = 6H$
   $L_{2T} = L_2 - M_{12} - M_{23} = 10 - 3 - 1 = 6H$
   $L_{3T} = L_3 - M_{23} + M_{13} = 5 - 1 + 2 = 6H$
   $L_{ab} = L_{1T} // L_{2T} // L_{3T} = 6 // 6 // 6 = 2H$
   （近似解）

6. $W = \frac{1}{2} \times L \times I^2 = \frac{1}{2} \times 4 \times 3^2 = 18$焦耳（J）

7. $W = \frac{1}{2} \times N \times \phi \times I = \frac{1}{2} \times 500 \times 10^{-3} \times 6$
   $= 1.5$焦耳（J）

6-5立即練習　P.6-23

2. $W = \frac{1}{2} \times L_T \times I^2 = \frac{1}{2} \times 3 \times 2^2 = 6$焦耳（J）

3. (1) 任意假設電流方向，判斷互助以及互消。
   (2) $L_{ab} = (10 - 1 + 1) + (8 - 1 - 2) + (6 - 2 + 1)$
   $= 20H$

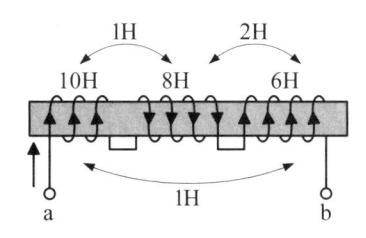

綜合練習　P.6-24

2. $H = \frac{I}{2r} = \frac{5}{2 \times 0.1} = 25$安匝 / 公尺

5. $\mu_0 = 4\pi \times 10^{-7}$亨利 / 公尺；
   $\varepsilon_0 = (36\pi \times 10^9)^{-1}$法拉 / 安培-公尺

8. 磁力線平行通過其有效磁通量為0。

10. $\mathcal{F} = NI = \phi \mathcal{R}$
    $\Rightarrow \mathcal{F} = 200 \times I = 0.6 \times \frac{0.1}{2 \times 10^{-3} \times 0.05}$
    $\Rightarrow I = 3$ A

13. $\mathcal{R} = \frac{\ell}{\mu \times A} = \frac{0.05 \times 10^{-2}}{4\pi \times 10^{-7} \times \frac{25}{\pi} \times 10^{-4}}$
    $= 5 \times 10^5$安匝 / 韋伯（AT/Wb）

14. $\mu = \frac{B}{H}$
    $\Rightarrow H = \frac{B}{\mu} = \frac{0.5}{4\pi \times 10^{-7}}$
    $\approx 3.98 \times 10^5$（AT / m）

20. (1) $E = N \frac{\Delta \phi}{\Delta t}$
    $= 1000 \times \frac{(0.25 - 0.05) \times 100 \times 10^{-4}}{2}$
    $= 1$伏特
    (2) $I = \frac{E}{R} = \frac{1}{5} = 0.2$ A

22. (1) 電流為10A
    (2) $F = \frac{2 \times 10^{-7} \times \mu_r \times \ell \times I_1 \times I_2}{d}$
    $= \frac{2 \times 10^{-7} \times 1 \times 5 \times 10 \times 10}{0.1}$
    $= 10^{-3}$牛頓（Nt）（向下的排斥力）

25. (1) t_1時：$\phi(t)$的變化量為0，因此感應電壓 $E_{ab} = 0V$。
    (2) t_2時：$E_{ab} = 100 \times \frac{1 \times 10^{-3}}{(16m - 6m)} = 10V$
    （根據楞次定律，磁通維持原方向，因此$E_{ab} > 0$）。

34. $F = 2 \times 10^{-7} \times \frac{\ell \times I_1 \times I_2}{d}$
    $\Rightarrow 0.016 = 2 \times 10^{-7} \times \frac{8 \times 2I_2 \times I_2}{0.02}$
    $\Rightarrow I_2^2 = 100 \Rightarrow I_2 = 10$ A，$I_1 = 20$ A

35. $E = N \left| \frac{\Delta \phi}{\Delta t} \right|$，當$\Delta \phi$沒有變化時，線圈之感應電動勢等於零。

36. 當耦合係數K = 1時，表示無漏磁磁通量。

37. $E = M \frac{\Delta I_2}{\Delta t} \Rightarrow 8 = M \times \frac{10 - 6}{0.4} \Rightarrow M = 0.8H$

38. $L = \frac{\lambda}{I} = \frac{N \times \phi}{I} = \frac{50 \times 0.04}{2} = 1$亨利（H）

39. $L = \frac{N^2}{\mathcal{R}} \Rightarrow L \propto N^2 \Rightarrow L : 0.5L = 1000^2 : N^2$
    $\Rightarrow N \approx 707$匝
    因此需拆掉293匝。

40. 因繞製長度相同，故匝數減半，因此電感變為原來的1/4倍。

44. (1) $K = \dfrac{\phi_{12}}{\phi_1} = \dfrac{4m}{5m} = 0.8$

(2) $L_1 = \dfrac{N_1 \times \phi_1}{I_1} = \dfrac{100 \times 5m}{5} = 0.1H$

(3) $M = \dfrac{N_2 \times \phi_{12}}{I_1} = \dfrac{200 \times 4m}{5} = 0.16H$

(4) $M = K \times \sqrt{L_1 \times L_2} = 0.16$
$= 0.8 \times \sqrt{0.1 \times L_2}$
$\Rightarrow L_2 = 0.4H$

45. (1) $L = \dfrac{N_1 \times \phi_1}{I_1} = \dfrac{500 \times 4 \times 10^{-4}}{5} = 0.04H$
$= 40mH$

(2) $M = \dfrac{N_2 \times \phi_{12}}{I_1} = \dfrac{1000 \times 4 \times 10^{-4} \times 0.9}{5}$
$= 0.072H = 72mH$

46. $v_{ab}(t) = L\dfrac{\Delta i}{\Delta t}$，4-8秒的區間，斜率為0（電流變化量為0），因此感應電勢為0V。

47. $M = \dfrac{N_2 \times \phi_{12}}{I_1} = \dfrac{300 \times (0.3 - 0.2)}{5} = 6H$

48. $L = \dfrac{N \times \phi}{I} = \dfrac{100 \times 2 \times 10^6 \times 10^{-8}}{10} = 0.2H$

49. (1) 串聯互助：
$L_{ab} = L_1 + L_2 + 2M$
$= 6 + 3 + 2 \times 1 = 11H$

(2) 並聯互消：
$L_T = L_{ab} = \dfrac{L_1 \times L_2 - M^2}{L_1 + L_2 + 2M}$
$= \dfrac{10 \times 6 - 2^2}{10 + 6 + 2 \times 2} = 2.8$亨利（H）

(3) $L_{ab} = 11 + 2.8 = 13.8H$

50. $\begin{cases} 串聯互助：3L_2 + L_2 + 2 \times M = 60 \cdots\cdots(1) \\ 串聯互消：3L_2 + L_2 - 2 \times M = 12 \cdots\cdots(2) \end{cases}$
$\Rightarrow (1) - (2)$
$\Rightarrow 4M = (60 - 12)$
$\Rightarrow M = 12H \quad \therefore L_2 = 9H$

51. 並聯互消：
$L_{ab} = \dfrac{L_1 \times L_2 - M^2}{L_1 + L_2 + 2M} = \dfrac{10 \times 30 - 5^2}{10 + 30 + 2 \times 5}$
$= 5.5H$

52. 串聯互消：
$L_{ab} = L_1 + L_2 - 2M = 10 + 15 - 2 \times 2 = 21H$

解一
$W = \dfrac{1}{2} \times L_T \times I^2 = \dfrac{1}{2} \times 21 \times 2^2$
$= 42$焦耳（J）

解二
$W = \dfrac{1}{2}L_1 \times I_1^2 + \dfrac{1}{2}L_2 \times I_2^2 \pm M \times I_1 \times I_2$
$= \dfrac{1}{2} \times 10 \times 2^2 + \dfrac{1}{2} \times 15 \times 2^2 - 2 \times 2 \times 2$
$= 42$焦耳（J）

53. 並聯互助：
$L_T = L_{ab} = \dfrac{L_1 \times L_2 - M^2}{L_1 + L_2 - 2M} = \dfrac{8 \times 5 - 2^2}{8 + 5 - 2 \times 2}$
$= 4$亨利（H）

54. 互助時電感量為9H，互消時電感量為4H。
因此互感量$M = \dfrac{9-4}{4} = 1.25H$。

58. (1) $L \propto N^2 \quad \therefore$ 電感量變為8亨利

(2) $W = \dfrac{1}{2}LI^2 = \dfrac{1}{2} \times 8 \times 2^2 = 16$焦耳（J）

60. (1) $L_T = L_1 + L_2 + 2M$（串聯互助）
$= 0.02 + 0.02 + 2 \times 0.01 = 0.06H$

(2) $W = \dfrac{1}{2} \times L \times I^2 = \dfrac{1}{2} \times 0.06 \times 10^2$
$= 3$焦耳（J）

64. (1) 通過電感器的電流
$I_L = \dfrac{100}{5} = 20A$

(2) 電感器的儲能
$W_L = \dfrac{1}{2}LI^2 = \dfrac{1}{2} \times 100mH \times 20^2 = 20J$

第 6 章 　電感及電磁

108課綱統測試題　P.6-30

1. 為串聯互消電路。

2. (1) 總電感量
$$L_T = 4+6+8-2\times3-2\times5+2\times4$$
$$= 10\ H$$

   (2) 電感所儲存之總能量
$$W = \frac{1}{2}\times L_T I^2 = \frac{1}{2}\times 10\times 2^2$$
$$= 20 焦耳（J）$$

3. $W = \frac{1}{2}\times L_T \times I^2$
$$= \frac{1}{2}\times(12mH+8mH)\times 20^2 = 4\ 焦耳$$

4. (1) 0～1秒：
$$e_2 = -M\times\frac{\Delta i}{\Delta t} = -1\times\frac{4}{1} = -4\ V$$

   (2) 1～2秒：
$$e_2 = -M\times\frac{\Delta i}{\Delta t} = -1\times\frac{-2}{1} = 2\ V$$

   (3) 2～3秒：
$$e_2 = -M\times\frac{\Delta i}{\Delta t} = -1\times\frac{0}{1} = 0\ V$$

   (4) 3～4秒：
$$e_2 = -M\times\frac{\Delta i}{\Delta t} = -1\times\frac{-2}{1} = 2\ V$$

情境素養題　P.6-31

1. 判斷運動的導體在磁場中切割的感應電勢大小，乃是運用法拉第電磁感應定律。

Chapter 7 直流暫態

7-1學生做

1. (1) 充電瞬間（電感器視為開路）
   $V_L = 15V$；$I = 0A$
   (2) 充電完畢（電感器視為短路）
   $V_L = 0V$；$I = \dfrac{15}{5} = 3A$

2. (1) 充電瞬間，電感器視為開路：
   $V_L = 20 \times \dfrac{15}{10+15}$（分壓定則）$= 12V$
   (2) 充飽電，電感器視為短路：
   $I = \dfrac{20}{10} = 2A$（電阻15Ω被短路）

3. (1) 充電瞬間（電容器短路；電感器開路）
   $I = \dfrac{20}{5+5} = 2A$
   (2) 穩態時（電容器開路；電感器短路）
   $I = \dfrac{20}{5+15} = 1A$

4. （充放電時間常數不同）
   (1) 充飽電：
   $t = 5(L/R) = 5 \times (4m/2) = 10ms$
   (2) 放完電：
   $t = 5(L/R) = 5 \times (4m/4) = 5ms$

5. 電感器以充飽多少『電流』為基準
   (1) 放電瞬間電流 $I = -\dfrac{40}{8} = -5A$
   （電流方向不變）
   (2) 放電瞬間電壓 $V_L = -5 \times 10 = -50V$

7-1立即練習

4. (1) 充電瞬間電感器視為開路：
   $V_L = 15 \times \dfrac{3}{3+3}$（分壓定則）
   $= 7.5V$
   (2) 穩態時電感器視為短路：
   $I_L = \dfrac{15}{3+(3//6)} \times \dfrac{3}{3+6}$（分流定則）
   $= 1A$

6. $V_C = 60 \times \dfrac{10}{10+20} - 60 \times \dfrac{30}{30+15} = -20V$

7. (1) 穩態時電感器短路，電容器開路。
   (2) 總電流 $I_T = \dfrac{45}{[(6+4)//15]+9} = 3A$
   (3) $I = 0A$（電感器將電阻2Ω短路）
   (4) $V_C = 3 \times \dfrac{15}{(6+4)+15}$（分流定則）$\times 4$
   $+ 3 \times 9$
   $= 34.2V$

10. $\tau = R_1C_1 \Rightarrow 50ms = R_1 \times 20\mu F$
    $\Rightarrow R_1 = 2.5k\Omega$

7-2學生做

1. 電感器先開路後短路
   (1) 充電時間常數 $\tau = \dfrac{L}{R} = \dfrac{2}{1} = 2$秒
   (2) $V_L(t)$：max → min 為遞減指數函數
   $V_L(t=4) = E \times e^{-\frac{t}{\tau}} = 10 \times e^{-\frac{4}{2}} = 1.35V$
   (3) $I_L(t)$：min → max 為遞增指數函數
   $I_L(t=4) = \dfrac{E}{R} \times (1-e^{-\frac{t}{\tau}})$
   $= \dfrac{10}{1} \times (1-e^{-\frac{4}{2}}) = 8.65A$

2. (1) 放電時間常數 $\tau = \dfrac{L}{R} = \dfrac{2}{1} = 2$秒
   (2) **電感器電流方向不變（遞減函數）**
   $I_L(t=4) = \dfrac{E}{R} \times e^{-\frac{t}{\tau}} = \dfrac{20}{1} \times e^{-\frac{4}{2}} = 2.7A$
   (3) **電感器電壓方向改變（遞減函數）**
   $V_L(t=4) = -2.7 \times 1 = -2.7V$

3. (1) 穩態時
   $I_L = \dfrac{18}{4+(6//3)} \times \dfrac{6}{6+3}$（分流定則）$= 2A$
   (2) 放電的時間常數 $\tau = \dfrac{L}{R} = \dfrac{18}{(3+6)} = 2$秒
   (3) **電感器電流方向不變（遞減函數）**
   $I_L(t) = I_L \times e^{-\frac{t}{\tau}} = 2 \times e^{-\frac{2}{2}} = 0.736A$
   (4) **電感器電壓極性改變（遞減函數）**
   $V_L(t=2) = -0.736 \times (3+6) = -6.624V$

4. (1) 時間常數
$$\tau = \frac{L}{R} = \frac{5m}{10} = 5 \times 10^{-4} s = 0.5ms$$

(2) 運用特徵方程式列出方程式如下：
$$I_L(t) = 3 + (1-3)e^{-\frac{t}{5 \times 10^{-4}}}$$
$$= 3 - 2e^{-2000t}(安培)$$

(3) t = 0.5ms代入方程式
$$I_L(t=0.5m) = 3 - 2e^{-2000t} = 3 - 2e^{-1}$$
$$\approx 2.3A$$

7-2立即練習　P.7-11

1. (1) 電容器充放電瞬間電壓極性不變，
$$V_C = 20 \times \frac{4k}{4k + 4k}（分壓定則）= 10V$$

(2) $V_C(t=1) = 10 \times e^{-\frac{1}{(6k+4k) \times 100\mu}}$
$$= 10 \times e^{-1} = 3.68V$$

(3) $I = \frac{3.68}{(4k + 6k)} = 0.368mA$

2. (1) 電感器充放電瞬間電流方向不變，
$$I_L = \frac{18}{20 + (30 // 60)} \times \frac{30}{30 + 60} = 0.15A$$
$$= 150mA$$

(2) $I_L(t=1) = 150mA \times e^{-\frac{1}{1}} = 150mA \times e^{-1}$
$$= 55.2mA$$

(3) $V_L = -55.2mA \times (60 + 30) = -4.968V$
$$\approx -5V$$

4. (1) 穩態時電感器充電至2A的電流。

(2) 開關切換至2的放電時間常數
$$\tau = \frac{L}{R} = \frac{10}{10} = 1秒$$

(3) $I_L(t=2) = 2e^{-\frac{1}{1}} = 2e^{-1}A$

(4) $V_L(t=2) = -10 \times 2e^{-\frac{1}{1}} = -20e^{-1}V$

5. (1) 將電路化簡如下：

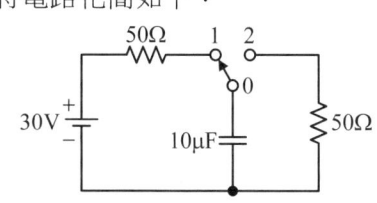

(2) 充電的時間常數
$$\tau = RC = 50 \times 10\mu = 5 \times 10^{-4}秒$$

(3) $I_C(t=2) = \frac{30}{50} \times e^{-\frac{10^{-3}}{5 \times 10^{-4}}} = 0.6e^{-2}$
$$= 81.2mA$$

6. $V_C(t=2) = 30 \times (1 - e^{-\frac{10^{-3}}{5 \times 10^{-4}}})$
$$= 30 \times (1 - e^{-2}) \approx 25.94V$$

7. (1) 在t = 1.5 × 10⁻³秒時，電容器的端電壓
$$V_C(t=2) = 30 \times (1 - e^{-\frac{1.5 \times 10^{-3}}{5 \times 10^{-4}}})$$
$$= 30 \times (1 - e^{-3}) \approx 28.5V$$

(2) 在t = 2 × 10⁻³秒時，電容器的端電壓
$$V_C(t=2) = 28.5 \times e^{-\frac{2 \times 10^{-3} - 1.5 \times 10^{-3}}{5 \times 10^{-4}}}$$
$$= 28.5 \times e^{-1} = 10.5V$$

(3) $I = \frac{10.5}{50} = 0.21A$

綜合練習　P.7-12

3. (1) 電感器充飽電視為短路

(2) 總電流 $\frac{24}{(10 // 15) + (6 // 3)} = 3A$

(3) $I = 3 \times \frac{15}{10 + 15} - 3 \times \frac{3}{6 + 3} = 0.8A$

5. 穩態時電容器開路：
$$V_{R1} = V_{R2} = 0V；V_{C1} = V_{C2} = 12V$$

6. (1) 串聯互助

(2) $\tau = \frac{L_T}{R} = \frac{L_1 + L_2 + 2M}{R}$
$$= \frac{8 + 4 + 2 \times 2}{4} = 4s$$

7. (1) 並聯互消 $L_T = \frac{L_1 \times L_2 - M^2}{L_1 + L_2 + 2M}$
$$= \frac{6 \times 10 - 2^2}{6 + 10 + 2 \times 2} = 2.8$$

(2) $5\tau = 5\frac{L_T}{R} = 5 \times \frac{2.8}{2} = 7(秒)$

9. (1) 充飽電時電容器視為開路，$V_C = 20V$（電容器以充飽的電壓值為基準，且放電時電壓極性不變）。

   (2) $I_C = -\dfrac{20}{30+10} = -0.5A$

10. (1) 電感器以充飽的電流值為基準，且放電時電流方向不變。

    (2) $I_L(t=0^-) = I_L(t=0^+) = \dfrac{36}{4+(3//6)} \times \dfrac{6}{6+3} = 4A$

11. (1) $t=0^-$ 表示開關動作前，即為充飽電的狀態（電感器）視為短路，$V_L(t=0^-) = 0V$

    (2) $t=0^+$ 表示開關動作後的瞬間（放電瞬間），$V_L(t=0^+) = -4 \times (6+3) = -36V$

12. (1) 電容器以充飽的電壓值為基準，且放電時電壓極性不變。

    (2) $V_C(t=0^-) = V_C(t=0^+)$
    $= 48 \times \dfrac{8}{2+8}$（分壓定則）
    $= 38.4V$

13. (1) $t=0^-$ 表示開關動作前，即為充飽電的狀態（電容器）視為開路，$I_C(t=0^-) = 0A$

    (2) $t=0^+$ 表示開關動作後的瞬間（放電瞬間），$I_C(t=0^+) = -\dfrac{38.4}{8+8} = -2.4A$
    （電壓極性不變，所以電流與標示相反）

14. $I_C(t=0^+) = \dfrac{12-2}{1k} = 10mA$

21. (1) 充電瞬間電感器視為開路：
    $V_L = 100 \times \dfrac{100}{100+100}$（分壓定則）
    $= 50V$

    (2) 充飽電時電感器視為短路：
    $I_L = \dfrac{100}{100} = 1A$

23. $i_L = \dfrac{12}{3+(3//6)} \times \dfrac{6}{6+3}$（分流定則）$= 1.6A$

25. (1) 充電的時間常數
    $\tau = [(30k//60k) + 20k] \times 5\mu = 0.2$秒

    (2) 放電的時間常數
    $\tau = (20k+60k) \times 5\mu = 0.4$秒

26. (1) 開關S閉合瞬間（t = 0）：電容器視為短路
    $I = \dfrac{10}{(15k//10k)+(4k//2k)} \times \dfrac{2k}{4k+2k}$
    $\approx 0.46 mA$

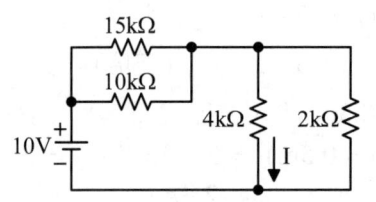

    (2) 電路穩態（$t = \infty$）；電容器視為開路
    $I = \dfrac{10}{(15k//10k)+4k} = 1mA$

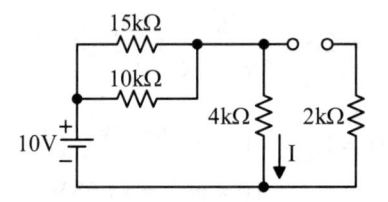

27. (1) 電路達穩態時的電感器視為短路，電容器視為開路。

    (2) 電流的穩態值 $I = \dfrac{28}{10k+4k} = 2mA$

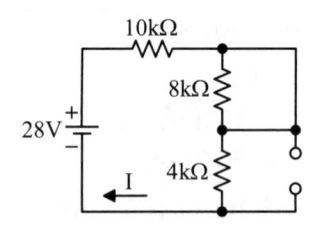

35. $V_C(t=RC) = E \times (1-e^{-\frac{RC}{RC}}) = E \times (1-e^{-1})$
    $= 63.2\% \times E$

42. $V_C = E \times (1-e^{-\frac{t}{\tau}})$
    $= E \times (1-e^{-\frac{RC}{RC}})$
    $= E \times (1-e^{-1})$
    $= 0.632E$

43. (1) $C = \varepsilon \dfrac{A}{d} = \varepsilon_0 \times \varepsilon_r \times \dfrac{A}{d}$
    $= 8.85 \times 10^{-12} \times \dfrac{100}{8.85} \times \dfrac{10}{1 \times 10^{-3}}$
    $= 1\mu F$

    (2) $\tau = RC = 100k\Omega \times 1\mu F = 0.1$秒

第 7 章　直流暫態

(3) $V_C(t) = E \times (1 - e^{-\frac{t}{\tau}})$
$= 10 \times (1 - e^{-1}) = 6.32$ V

(4) $E = \dfrac{V}{d} = \dfrac{6.32}{0.001} = 6320$ V/m

44. (1) $V_R(\tau) = E \times e^{-1}$

(2) $V_C(\tau) = E \times (1 - e^{-1})$

(3) $V_R(6\tau) = -E \times e^{-1}$

(4) $V_C(6\tau) = E \times e^{-1}$

(5) $E \times e^{-1} + E - E \times e^{-1} - E \times e^{-1} + E \times e^{-1}$
$= E$

45. $10 = \dfrac{E_1}{R_1}$，$20 = \dfrac{R_1}{L_1}$，

可得 $E_1 = 20V$，$R_1 = 2\Omega$，$L_1 = 100mH$

實習專區　P.7-18

2. 電容兩端的電壓為遞升函數，
$V_C(t) = E \times (1 - e^{-\frac{t}{\tau}})$
$= 10 \times (1 - e^{-1}) \approx 6.32$ V

3. (1) 經過20個RC時間常數，表示電容器已經充飽電 $V_C = 10$ V

(2) 放電的時間常數
$\tau = RC = 1k \times 1000\mu = 1$秒，
再經過10秒後，$V_o = 0$ V

4. (1) $\tau = RC = 4k \times 0.25\mu = 1$ ms

(2) $V_C(t) = E \times (1 - e^{-\frac{t}{\tau}})$
$= 12 \times (1 - e^{-\frac{3ms}{1ms}})$
$= 12 \times (1 - e^{-3})$ V

5. (1) 穩態後，電容器開路，電感器短路，電路化簡如下，可求得通過10Ω的電流為0.06A

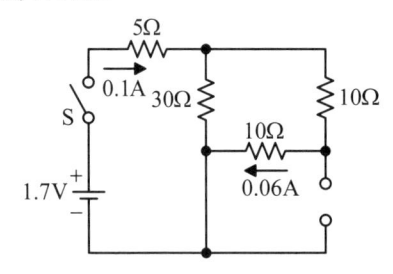

(2) 1μF電容器上的電壓為 $0.06 \times 10 = 0.6$ V

6. (1) $\tau = RC = 10k \times 10\mu = 0.1$秒

(2) 開關S閉合後，電阻兩端之電壓V_R為遞減函數
$V_R = V_{DC} \times e^{-\frac{t}{\tau}}$
$= 12 \times e^{-\frac{0.1}{0.1}} = 12e^{-1} \approx 4.4$ V

8. (1) 穩態後，電容器開路，電感器短路，電路化簡如下，可求得通過30Ω的電流為 $\dfrac{17}{325}$ A

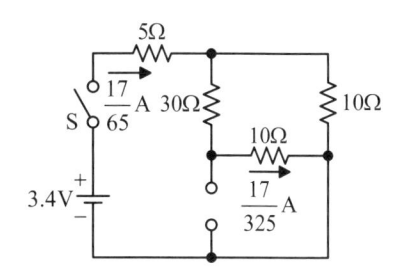

(2) 1μF電容器上的電壓為 $\dfrac{17}{325} \times 10 \approx 0.52$ V

10. (1) 電容器充電瞬間，C視為短路，電流為1mA，電容器兩端電壓為0V，電阻兩端為10V

(2) $\tau = RC = 10k \times 10\mu = 0.1$秒，所以10秒後已經達穩態，電容器視為開路，電容器兩端電壓為10V，電阻兩端為0V

11. 電容器兩端取戴維寧等效電路，在t＝1s時，電容器已達穩態，所以$v_C(t)$為6V

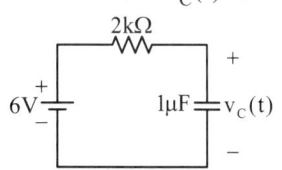

12. (1) $\tau = R_1 \times C_1 = 5k \times 1000\mu = 5$秒

(2) 導通5秒時，電容端直流電壓表顯示為：
$V_C = E_1 \times (1 - e^{-\frac{t}{\tau}}) = 10 \times (1 - e^{-\frac{5}{5}})$
$= 10 \times (1 - e^{-1}) = 10 \times (1 - 0.368)$
$= 6.32V$

13. 充電時間常數為
$(R_1 // R_2) \times C = (50\Omega // 10k\Omega) \times 10\mu F$
$\approx 0.5ms$

108課綱統測試題

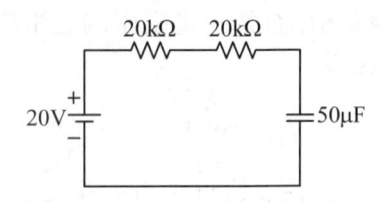

1.

$v_C(t) = 20 \times (1 - e^{-\frac{t}{40k \times 50\mu}})V$
$\quad\quad = 20 \times (1 - e^{-0.5t})V$

2. (1) 電感器充電瞬間視為開路,所以電流為0

(2) 電路時間常數 $\tau = \dfrac{L}{R} = \dfrac{4mH}{20\Omega} = 0.2ms$

3. $\tau = RC = 2k\Omega \times 25\mu F = 50\ ms$

4. (1) $\tau = \dfrac{L_S}{R_S}$

$\Rightarrow 0.02 = \dfrac{L_S}{2}$

$\Rightarrow L_S = 0.04H = 40\ mH$

(2) RL串聯電路的穩態電流(電感器視為短路),

$I_S = \dfrac{E_S}{R_S} \Rightarrow 10 = \dfrac{E_S}{2} \Rightarrow E_S = 20\ V$

5. (1) 電路達穩態時,電感器視為短路,儲存6A之電流。

(2) 開關打開瞬間,電路重新繪製如下圖,可得

$V_R = [-6 \times \dfrac{6}{(3+9)+6}]$(分流定則)$\times 9$
$\quad\quad = -18\ V$

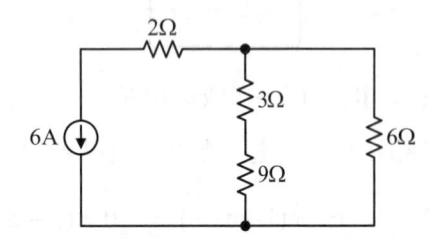

6. 當開關SW打開後,電路的放電時間常數
$\tau = RC = (6k\Omega // 3k\Omega) \times 10\mu F = 20\ ms$

7. (1) 戴維寧等效電路如下圖:

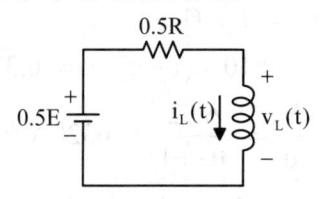

(2) $v_L(t) = 0.5E \times e^{-1} = 0.184E$

$i_L(t) = \dfrac{0.5E}{0.5R} \times (1 - e^{-1}) = \dfrac{0.632E}{R}$

(3) $i_1(t) = \dfrac{v_L(t)}{R} = \dfrac{0.184E}{R}$

$v_R(t) = E - v_L(t)$
$\quad\quad = E - 0.184E = 0.816E$

情境素養題

4. 斷電時,A區域的時間常數為$R_1 \times C$,所以增加R_1或C皆可以延長放電時間。

5. 通電時,B區域的時間常數為$\dfrac{L}{R_2}$,所以減少R_2或增加L皆可以延長燈泡L_2亮的時間。

Chapter 8 交流電

8-1 學生做

1. (1) $10\angle 53° = 10(\cos 53° + j\cdot\sin 53°)$
   $= 6 + j8$
   (2) $10\angle -37° = 10(\cos -37° + j\cdot\sin -37°)$
   $= 8 - j6$
   (3) $\sqrt{2}\angle 135° = \sqrt{2}(\cos 135° + j\cdot\sin 135°)$
   $= -1 + j$

2. (1) $\overline{A} + \overline{B} = (4 + j3) + (5\sqrt{3} + j5)$
   $= (4 + 5\sqrt{3}) + j8$
   (2) $\overline{A} - \overline{B} = (4 + j3) - (5\sqrt{3} + j5)$
   $= (4 - 5\sqrt{3}) - j2$
   (3) $\overline{A} \times \overline{B} = 5\angle 37° \times 10\angle 30° = 50\angle 67°$
   (4) $\dfrac{\overline{A}}{\overline{B}} = \dfrac{5\angle 37°}{10\angle 30°} = 0.5\angle 7°$

3. (1) $(12\angle 37°)^* = 12\angle -37°$
   (2) $(5\angle -45°)^* = 5\angle 45°$
   (3) $(-3\angle -60°)^* = -3\angle 60°$

8-1 立即練習

1. $\dfrac{(a-jb)}{(a+jb)(a-jb)} = \dfrac{a}{a^2+b^2} - j\dfrac{b}{a^2+b^2}$，
   因此取共軛複數後為 $\dfrac{a}{a^2+b^2} + j\dfrac{b}{a^2+b^2}$
   或 $\overline{A}^* = \dfrac{1}{a-jb}$

2. $(10\angle 30°)^2 = 10^2\angle 60° = 100\angle 60°$
   $= 50 + j50\sqrt{3}$

3. $\dfrac{(2-j2)^{10}}{(1+j)^6} = \dfrac{(2\sqrt{2}\angle -45°)^{10}}{(\sqrt{2}\angle 45°)^6}$
   $= \dfrac{2^{15}\angle -450°}{2^3\angle 270°}$
   $= 2^{12}\angle -720 = 2^{12}\angle 0° = 2^{12}$

4. $\overline{V} = \overline{I} \times \overline{Z} = 10\angle -45° \times 5\angle 60°$
   $= 50\angle 15°(V)$

5. $3 + j4 = 5\angle 53°$，因此 $(5\angle 53°)^* = 5\angle -53°$

8-2 學生做

1. (1) $\dfrac{2}{3}\pi = \dfrac{2}{3}\pi \times \dfrac{360°}{2\pi} = 120°$
   或 $\dfrac{2}{3}\pi = \dfrac{2}{3} \times 180° = 120°$
   (2) $\dfrac{1}{2}\pi = \dfrac{1}{2}\pi \times \dfrac{360°}{2\pi} = 90°$
   或 $\dfrac{1}{2}\pi = \dfrac{1}{2} \times 180° = 90°$
   (3) $\dfrac{3}{4}\pi = \dfrac{3}{4}\pi \times \dfrac{360°}{2\pi} = 135°$
   或 $\dfrac{3}{4}\pi = \dfrac{3}{4} \times 180° = 135°$

2. (1) 最大值 $V_m = 100V$
   (2) 平均值 $V_{dc} = 100 \times \dfrac{2}{\pi} = \dfrac{200}{\pi}V$
   (3) 有效值 $V_{rms} = 100 \times \dfrac{1}{\sqrt{2}} = 50\sqrt{2}V$
   (4) $v(t) = 100\sin(100\pi \times \dfrac{1}{50} + 30°)V$
   $= 50V$

3. (1) $100\pi t - \dfrac{\pi}{3} = \dfrac{\pi}{2} \Rightarrow t = \dfrac{1}{120}$ 秒
   (2) $100\pi t - \dfrac{\pi}{3} = -\dfrac{\pi}{2} \Rightarrow t = -\dfrac{1}{600}$ 秒
   （時間不可能為負，需加一個週期T修正）
   修正為 $-\dfrac{1}{600} + \dfrac{1}{50} = \dfrac{11}{600}$ 秒

4. 方程式改為 $v(t) = 100\sqrt{2}\sin(377t + 30°)V$
   $\overline{V} = 100\angle 30°V$（相量式需統一為sin函數）

5. $\overline{V_1} = 8\angle 150°(V)$；$\overline{V_2} = 12\angle 150°(V)$，
   因此 $\overline{V_1}$ 與 $\overline{V_2}$ 兩者同相位。

6. (1) 平均值 V_{av}
   $V_{av} = \dfrac{2 \times \dfrac{2}{\pi} \times 2 + 2 \times 1 - 2 \times \dfrac{1}{2} \times 2}{5}$
   $\approx 0.51\,V$
   (2) 有效值 V_{rms}
   $V_{rms} = \sqrt{\dfrac{(\dfrac{2}{\sqrt{2}})^2 \times 2 + (2\times 1)^2 \times 1 + (\dfrac{-2}{\sqrt{3}})^2 \times 2}{5}}$
   $\approx 1.46\,V$

8-2 立即練習 P.8-10

1. (1) $T = \dfrac{1}{f} = \dfrac{1}{50} = 20\text{ms}$

   (2) $20\text{ms} \times 10 = 0.2\text{s}$

2. 當 $100\pi t - 45° = 90°$ 時感應電壓最大，

   $100\pi t - \dfrac{\pi}{4} = \dfrac{\pi}{2} \Rightarrow t = \dfrac{3}{400}$ 秒

4. (1) 正弦波 $V_{rms} = \dfrac{50}{\sqrt{2}}V$

   (2) 三角波 $V_{rms} = \dfrac{50}{\sqrt{3}}V$

   (3) 方波 $V_{rms} = 50V$

   因此方波最亮。

綜合練習 P.8-11

1. $(64\angle 180°)^{\frac{1}{4}} + (\sqrt{2}\angle 45°)^3$
   $= 64^{\frac{1}{4}} \angle(180° \times \dfrac{1}{4}) + (\sqrt{2})^3 \angle(45° \times 3)$
   $= 2\sqrt{2}\angle 45° + 2\sqrt{2}\angle 135° = 4\angle 90°$

6. (1) $\overline{A} = 2\sqrt{3} + j2 = 4\angle 30°$

   (2) $\dfrac{1}{\overline{A}} = \dfrac{1}{4\angle 30°} = 0.25\angle -30°$

10. 兩者的頻率不同，因此無法比較。

11. $V_{rms} = \sqrt{\dfrac{(10 \times \dfrac{1}{\sqrt{3}})^2 \times 2 + (10^2 \times 8) + (10 \times \dfrac{1}{\sqrt{3}})^2 \times 2}{12}}$
    $= \dfrac{10}{3}\sqrt{7}V$

13. (1) $V_{rms} = \dfrac{V_m}{2} = \dfrac{10}{2} = 5V$

    (2) $I_{rms} = \dfrac{I_m}{2} = \dfrac{1}{2} = 0.5A$

14. 兩波形相乘，其值為0。

16. $v = v_1 + v_2$
    $= 100\sin(377t - 60°)V + 100\cos(377t - 60°)V$
    $= 100\sqrt{2}\sin(377t - 15°)V$

    $V_{rms} = \dfrac{100\sqrt{2}}{\sqrt{2}} = 100V$

17. 一個週期的面積正負相加後為0。

20. $V_{rms} = \sqrt{10^2 + (\dfrac{10\sqrt{2}}{\sqrt{2}})^2} = 10\sqrt{2}V$

21. 若使用直流電錶，$V_{dc} = \dfrac{100\sqrt{2}}{\pi}V$

23. $\sqrt{30^2 + 40^2} = 50V$

24. $\dfrac{4}{6} \times 100\% \approx 66.66\%$

25. $V_{dc} = 8 \times 0.6 - 2 \times 0.4 = 4V$

26. $V_{rms} = \sqrt{6^2 \times 0.4 + (-4)^2 \times 0.6} = 2\sqrt{6}V$

27. 日式指針式三用電錶無法測量頻率。

28. (1) 週期 $T = 0.02$ 秒，因此頻率為 50Hz

    (2) $v_1(t) = 10\sin(314t - 120°)V$

34. $\sqrt{\dfrac{(20 \times \dfrac{1}{\sqrt{3}})^2 \times 2}{2}} \approx 11.55V$

36. $\overline{V_{rms}} = \dfrac{10}{\sqrt{2}}\angle 30° + \dfrac{10}{\sqrt{2}}\angle -30°$
    $= (\dfrac{5\sqrt{6}}{2} + j\dfrac{5\sqrt{2}}{2}) + (\dfrac{5\sqrt{6}}{2} - j\dfrac{5\sqrt{2}}{2})$
    $= 5\sqrt{6}$

    $V_m = 10\sqrt{3} = 17.32V$

38. $V_{rms} = \sqrt{\dfrac{[(6 \times 1)^2 \times 1 + (12 \times 1)^2 \times 1 + (-4 \times 1)^2 \times 1]}{3}}$
    $\approx \sqrt{65.33}V$

39. $N = \dfrac{120f}{P} = 30 \times 60 = \dfrac{120 \times 60}{P} \Rightarrow P = 4$

42. (1) $V_{dc} = \dfrac{10 \times 1}{2} = 5V$

    (2) $V_{rms} = \sqrt{\dfrac{10^2 \times 1}{2}} = 5\sqrt{2}V$

43. $\overline{i_1} = \dfrac{10}{\sqrt{2}}\angle 45° = 5\sqrt{2}\angle 45°$

45. $V_{dc} = \dfrac{100 \times 10m - 40 \times 5m}{20m} = 40V$

46. $v(t) = 220\sqrt{2}\sin(120\pi \times \dfrac{1}{240} - 45°)V$
    $= 220\sqrt{2}\sin(90° - 45°) = 220V$

第 8 章　交流電

48. (1) $N_s = \dfrac{120f}{P} \Rightarrow 750 = \dfrac{120 \times f}{8}$
  $\Rightarrow f = 50$ Hz
  所以週期 $T = \dfrac{1}{f} = \dfrac{1}{50} = 20$ ms，
  兩個週期等於40ms。

    (2) 有效值為110V，則最大值為 $110\sqrt{2}$ V。

49. (1) 週期為10秒

    (2) $V_{av} = \dfrac{10 \times 2 - 5 \times 2}{10} = 1$ V

    $V_{rms} = \sqrt{\dfrac{(10 \times 1)^2 \times 2 + (-5 \times 1)^2 \times 2}{10}}$
    $= 5$ V

    (3) $\dfrac{V_2}{V_1} = \dfrac{V_{rms}}{V_{av}} = \dfrac{5V}{1V} = 5$

50. (1) $i_2 = 50\sin(2000t + 90°)$A

    (2) $i_1 + i_2$
    $= 50\sin(2000t)$A $+ 50\sin(2000t + 90°)$A
    $= 50\sqrt{2}\sin(2000t + 45°)$A

108課綱統測試題　P.8-16

1. (1) 平均值
   $I_{av} = \dfrac{4A \times 1 + 1A \times 1 - 2A \times 1}{3} = 1A$

   (2) 有效值
   $I_{rms} = \sqrt{\dfrac{4^2 \times 1 + 1^2 \times 1 + (-2)^2 \times 1}{3}} = \sqrt{7}A$

2. 選項(B)：
   $v_1(t) = 20\cos(314t - 60°)$
   $\quad\quad = 20\sin(314t + 30°)$
   $v_2(t) = 20\sin(314t - 30°)$

3. $i(t) = -5\cos(100t + 30°)$ A
   $\quad\quad = 5\sin(100t - 60°)$ A
   因此電壓相角超前電流相角30°

4. 電壓的平均值 $V_{av} = \dfrac{15 \times 3\text{ms}}{(3\text{ms} + 2\text{ms})} = 9$ V

5. $v_1(t) = 10\sin(200\pi t + 45°)$ V
   且 $v_2(t) = 10\sin(200\pi t - 45°)$ V，
   故 $v_1(t)$ 領先 $v_2(t)$ 為90°。

6. 運用相量關係，可以得知
   $v(t) = 10\sqrt{2}\sin(200\pi t)$ V

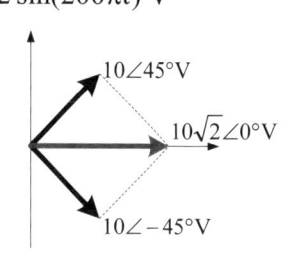

情境素養題　P.8-17

7. 電樞在二極電機旋轉一圈，感應1個正弦波

9. 線圈在磁場中旋轉愈多圈，所感應的週期波數愈多，但每個週期的電壓振幅沒有改變，因此平均值與有效值電壓不變。

10. $E = B\ell V\sin\theta$，速度愈快，感應的電壓愈大

11. $N_s = \dfrac{120f}{P} \Rightarrow 3000 = \dfrac{120f}{2} \Rightarrow f = 50$ Hz

Chapter 9 基本交流電路

9-1 學生做　P.9-3

1. $X_C = \dfrac{1}{\omega C} = \dfrac{1}{1000 \times 20\mu} = 50\Omega$（純量）

   或 $\overline{X_C} = 50\angle -90°\Omega$（相量）

2. $\overline{X_L} = j\omega L = j500 \times 0.1 = 50\angle 90°\Omega$

   $\overline{I_L} = \dfrac{\overline{V}}{\overline{X_L}} = \dfrac{100\angle 30°}{50\angle 90°} = 2\angle -60°A$

   $i_L(t) = 2\sqrt{2}\sin(500t - 60°)A$

3. $\overline{X_C} = \dfrac{1}{j\omega C} = \dfrac{1}{j2000 \times 500\mu} = 1\angle -90°\Omega$

   $\overline{I_C} = \dfrac{\overline{V}}{\overline{X_C}} = \dfrac{\frac{80}{\sqrt{2}}\angle 30°}{1\angle -90°} = 40\sqrt{2}\angle 120°A$

   $i_C(t) = 80\sin(2000t + 120°)A$

9-1 立即練習　P.9-4

6. (1) $f = 50Hz \Rightarrow T = 20ms$

   (2) $360° : 90° = 20ms : t \Rightarrow t = 5ms$

7. (1) 串聯互消

   $L_T = L_1 + L_2 - 2M$
   $= 8mH + 6mH - 2 \times 2mH = 10mH$

   (2) $\overline{X_L} = j\omega L = 1\angle 90°\Omega$

   (3) $i(t) = 50\sqrt{2}\sin(100t - 45°)A$
   $= 50\sqrt{2}\cos(100t - 135°)A$

8. (1) $\overline{X_C} = \dfrac{1}{\omega C}\angle -90°$

   $= \dfrac{1\angle -90°}{2\pi \times \dfrac{500}{\pi} \times (300\mu // 600\mu)}$

   $= 5\angle -90°$

   (2) $\overline{I} = \dfrac{100\angle 30°}{5\angle -90°} = 20\angle 120°$

   (3) $i(t) = 20\sqrt{2}\sin(1000t + 120°)A$
   $= 20\sqrt{2}\cos(1000t + 30°)A$

9-2 學生做　P.9-6

1. (1) $\overline{Z} = 4 + j(100 \times 40m) = 4 + j4$
   $= 4\sqrt{2}\angle 45°\Omega$

   (2) $\overline{V} = \overline{I} \times \overline{Z} = 10\angle 0° \times 4\sqrt{2}\angle 45°$
   $= 40\sqrt{2}\angle 45°V$

   ∴ $v(t) = 80\sin(100t + 45°)V$

   (3) $\overline{V_R} = \overline{I} \times R = 10\angle 0° \times 4 = 40\angle 0°V$

   (4) $\overline{V_L} = \overline{I} \cdot \overline{X_L} = 10\angle 0° \times 4\angle 90°$
   $= 40\angle 90°V$

   (5) $\overline{V}$超前$\overline{I}$相位$45°$，$\cos 45° = \mathbf{0.707}$（滯後）

2. (1) $\overline{Z} = 6 - j(\dfrac{1}{125\mu \times 1000}) = 6 - j8$
   $= 10\angle -53°\Omega$

   (2) $\overline{V} = \overline{I} \times \overline{Z} = 2\angle 0° \times 10\angle -53°$
   $= 20\angle -53°V$

   ∴ $v(t) = 20\sqrt{2}\sin(1000t - 53°)V$

   (3) $\overline{V_R} = \overline{I} \times R = 2\angle 0° \times 6 = 12\angle 0°V$

   (4) $\overline{V_C} = \overline{I} \cdot \overline{X_C} = 2\angle 0° \times 8\angle -90°$
   $= 16\angle -90°V$

   (5) $\overline{I}$超前$\overline{V}$相位$53°$，$\cos 53° = \mathbf{0.6}$（超前）

3. 運用分壓定則

   (1) $\overline{V_R} = \overline{V} \times \dfrac{R}{R + jX_C}$

   $= \dfrac{100}{\sqrt{2}}\angle 45° \times \dfrac{10}{10 - j10}$

   $= \dfrac{100}{\sqrt{2}}\angle 45° \times \dfrac{10\angle 0°}{10\sqrt{2}\angle -45°}$

   $= 50\angle 90°V$

   (2) $\overline{V_C} = \overline{V} \times \dfrac{-jX_C}{R - jX_C}$

   $= \dfrac{100}{\sqrt{2}}\angle 45° \times \dfrac{-j10}{10 - j10}$

   $= \dfrac{100}{\sqrt{2}}\angle 45° \times \dfrac{10\angle -90°}{10\sqrt{2}\angle -45°}$

   $= 50\angle 0°V$

4. 運用克希荷夫電壓定律（KVL）

   $V = \left|\overline{V_R} + \overline{V_C}\right| = \sqrt{30^2 + 40^2}$
   $= 50V$（相量和）

   常犯錯誤為 $30 + 40 = 70V$（代數和）

9-2 立即練習　P.9-8

1. R↓、Z↓、電源電流 $\bar{I}$ 增加、θ↑，因此 cosθ 趨近於0。

3. 頻率增加2倍則電容抗減少2倍，
$Z = 3 - j4(\Omega) \Rightarrow |Z| = \sqrt{3^2 + 4^2} = 5\Omega$

5. $I_L = \dfrac{200}{40 + j30} = 4\angle -37°A$，有效值為4A

9-3 學生做　P.9-10

1. (1) $\bar{Z} = 10 + j5 - j15 = 10 - j10$
$= 10\sqrt{2}\angle -45°\Omega$

(2) $\bar{I} = \dfrac{\bar{V}}{\bar{Z}} = \dfrac{100\sqrt{2}\angle 0°}{10\sqrt{2}\angle -45°} = 10\angle 45°A$

(3) $\bar{V_R} = 10\angle 45° \times 10 = 100\angle 45°V$

(4) $\bar{V_L} = 10\angle 45° \times 5\angle 90° = 50\angle 135°V$

(5) $\bar{V_C} = 10\angle 45° \times 15\angle -90°$
$= 150\angle -45°V$

(6) $\cos -45° = 0.707$（超前功因）

2. $V = \sqrt{80^2 + (100-40)^2} = 100V$（相量和）

常犯錯誤為 80 + 40 + 100 = 220V（代數和）

3. $PF = \dfrac{V_R}{V} = \dfrac{80}{\sqrt{80^2 + (100-40)^2}} = \dfrac{8}{10}$
$= 0.8$（超前功因）

4. **超前功因時 $X_C > X_L$**

$\cos\theta = \dfrac{R}{Z} = \dfrac{40}{\sqrt{40^2 + (X_C - 50)^2}} = 0.8$

$X_C = 80\Omega$

9-3 立即練習　P.9-12

1. $\bar{V_L}$ 恆超前 $\bar{V_C}$ 相位180°。

2. (1) 電源電壓超前電源電流θ度，因此 $V_L > V_C$

(2) $100 = \sqrt{60^2 + (120 - V_C)^2} \Rightarrow V_C = 40V$

5. (1) $\bar{I} = \dfrac{100\angle 30°}{50\angle 90°} = 2\angle -60°A$

(2) $\bar{V_S} = 2\angle -60° \times (20 + j50 - j30)$
$= 40\sqrt{2}\angle -15°V$

6. $\bar{V_S}$ 超前 $\bar{I}$ 相位角45°，
因此功率因數為 cos 45° = 0.707（滯後）

7. (1) $\bar{Z} = \dfrac{120\angle 75°V}{6\angle 120°A} = 20\angle -45°\Omega$
$= 10\sqrt{2} - j10\sqrt{2}\Omega$

(2) $V_{rms} = 6 \times 10\sqrt{2} = 60\sqrt{2}V$

(3) $V_m = \sqrt{2} \times V_{rms} = \sqrt{2} \times 60\sqrt{2} = 120V$

9-4 學生做　P.9-14

1. (1) $\bar{Y} = \dfrac{1}{R} + \dfrac{1}{jX_L} = \dfrac{1}{\dfrac{1}{3}} + \dfrac{1}{j \times 100 \times 2.5m}$
$= 3 - j4S$

(2) $\bar{I_R} = \bar{V} \times \bar{G} = 10\angle 0° \times 3\angle 0° = 30\angle 0°A$

(3) $\bar{I_L} = \bar{V} \times \bar{B_L} = 10\angle 0° \times 4\angle -90°$
$= 40\angle -90°A$

(4) $\bar{I} = \bar{I_R} + \bar{I_L} = 30\angle 0° + 40\angle -90°$
$= 50\angle -53°A$

(5) $\bar{V}$ 超前 $\bar{I}$ 相位53°，$\cos 53° = 0.6$（滯後）

2. (1) $\bar{Y} = \dfrac{1}{R} + \dfrac{1}{jX_C} = \dfrac{1}{10} + \dfrac{1}{-j10}$
$= 0.1 + j0.1S$

(2) $\bar{I_R} = \bar{V} \times \bar{G} = 60\angle 0° \times 0.1\angle 0°$
$= 6\angle 0°A$

(3) $\bar{I_C} = \bar{V} \times \bar{B_C} = 60\angle 0° \times 0.1\angle 90°$
$= 6\angle 90°A$

(4) $\bar{I} = \bar{I_R} + \bar{I_C} = 6\angle 0° + 6\angle 90°$
$= 6\sqrt{2}\angle 45°A$

(5) $\bar{I}$ 超前 $\bar{V}$ 相位45°，$\cos 45° = 0.707$（超前）

3. 運用分流定則

(1) $\bar{I_R} = \bar{I} \times \dfrac{X_C}{R + X_C} = 12\angle 60° \times \dfrac{-j3}{4 - j3}$
$= 7.2\angle 7°A$

(2) $\bar{I_C} = \bar{I} \times \dfrac{R}{R + X_C} = 12\angle 60° \times \dfrac{4}{4 - j3}$
$= 9.6\angle 97°A$

4. 運用克希荷夫電流定律（KCL）

$I = |\bar{I_R} + \bar{I_C}| = \sqrt{10^2 + 10^2} = 10\sqrt{2}A$（相量和）

常犯錯誤為 10 + 10 = 20A（代數和）

5. 公式不需死背（與直流並聯公式相同）

$$8//(-j6) = \frac{8 \times (-j6)}{8 - j6} = \frac{-j48 \times (8 + j6)}{(8 - j6)(8 + j6)}$$

$$= \frac{288}{100} - j\frac{384}{100}$$

$$R_S = \frac{288}{100} = 2.88\Omega$$

$$X_S = -j\frac{384}{100} = -j3.84\Omega$$

6. $R_P = \frac{R_S^2 + X_S^2}{R_S} = \frac{10^2 + 20^2}{10} = 50\Omega$

$X_P = \frac{R_S^2 + X_S^2}{X_S} = \frac{10^2 + 20^2}{20} = -j25\Omega$

9-4 立即練習 P.9-17

1. (1) ∵ $\overline{Y} = \overline{G} - j\overline{B_L}$，$L\downarrow X_L \downarrow B_L \uparrow Y \uparrow$

   (2) ∵ $I = V \times Y$，$Y \uparrow I \uparrow$

   (3) $\theta \uparrow \cos\theta$ 趨於 0

2. (1) ∵ $\overline{Y} = \overline{G} - j\overline{B_L}$，$f \uparrow X_L \uparrow B_L \downarrow Y \downarrow$

   (2) ∵ $I = V \times Y$，$Y \downarrow I \downarrow$

   (3) $\theta \downarrow \cos\theta$ 趨於 1

3. (1) ∵ $\overline{Y} = \overline{G} + j\overline{B_C}$，$R \uparrow G \downarrow Y \downarrow Z \uparrow$

   (2) ∵ $I = V \times Y$，$Y \downarrow I \downarrow$

   (3) $\theta \uparrow \cos\theta$ 趨於 0

5. (1) 通過電阻的電流為 6A

   (2) 電流錶 Ⓐ 讀值為 $\sqrt{6^2 + 4.5^2} = 7.5A$

6. (1) 等效並聯的電阻 $R = \frac{6^2 + 8^2}{6} = \frac{50}{3}\Omega$

   等效電感抗 $X_L = \frac{6^2 + 8^2}{8} = \frac{25}{2}\Omega$

   (2) $G = \frac{1}{R} = \frac{3}{50} = 0.06S$

   $B_L = \frac{1}{X_L} = \frac{2}{25} = -j0.08S$

7. (1) $j12//-j6 = \frac{72}{j6} = -j12\Omega$

   (2) $\overline{Z} = 16 - j12\Omega$

   (3) $\overline{I} = \frac{240\angle 0°}{16 - j12} = 12\angle 37° = 9.6 + j7.2A$

9-5 學生做 P.9-19

1. (1) $\overline{Y} = \frac{1}{R} - j\frac{1}{X_L} + j\frac{1}{X_C} = 0.1 - j0.125S$

   (2) $B_L > B_C$：電感性電路

2. (1) $\overline{I_C} = \frac{20\angle 0°}{4\angle -90°} = 5\angle 90°A$

   (2) $\overline{I_L} = \frac{20\angle 0°}{2\angle 90°} = 10\angle -90°A$

   (3) $\overline{I_R} = \frac{20\angle 0°}{4\angle 0°} = 5\angle 0°A$

   (4) $\overline{I_1} = \overline{I_L} + \overline{I_C} = 5\angle -90°A$

   (5) $\overline{I} = \overline{I_R} + \overline{I_1} = 5 - j5 = 5\sqrt{2}\angle -45°A$

   (6) $\cos\theta = \frac{I_R}{I} = \frac{5}{5\sqrt{2}} = 0.707$（滯後功因）

3. (1) 若 $I_C = 1A$，

   $\cos\theta = \frac{I_R}{I} = \frac{6}{10} = 0.6$（滯後）

   (2) 若 $I_C = 17A$，

   $\cos\theta = \frac{I_R}{I} = \frac{6}{10} = 0.6$（超前）

4. 運用節點電壓法（與直流分析相同）

   $\frac{\overline{V} - 20}{4} + \frac{\overline{V} - 0}{j4} + \frac{\overline{V} - 0}{-j8} = 0 \Rightarrow \overline{V} = 16 + j8$

   (1) $\overline{V} = \overline{V_L} = 16 + j8V$

   (2) $\overline{I} = \frac{20 - (16 + j8)}{4} = \frac{4 - j8}{4} = 1 - j2A$

9-5 立即練習 P.9-21

1. $\overline{Y} = \frac{1}{R} - j\frac{1}{X_L} + j\frac{1}{X_C} = \frac{1}{10} - j\frac{1}{5} + j\frac{1}{10}$

   $= 0.1 - j0.2 + j0.1 = 0.1 - j0.1$

   $= 0.1\sqrt{2}\angle -45°S$

4. $\overline{Y} = 16 + j(18 - 6) = 16 + j12 = 20\angle 37°S$

5. $\overline{I} = \overline{V} \times \overline{Y} = 2\angle -30° \times 20\angle 37° = 40\angle 7°A$

8. $\overline{Y} = \frac{1}{-j4} + \frac{1}{3 + j4} = 0.12 + j0.09S$

第 9 章 基本交流電路

9. (1) $3 // j4 = \dfrac{j12(3-j4)}{(3+j4)(3-j4)} = \dfrac{48+j36}{25}$
   $= 1.92 + j1.44$

   (2) $-j4 // j8 = \dfrac{32}{j4} = -j8$

   (3) $Z_{ab} = -j5.44 + 1.92 + j1.44 + 14.08 - j8$
   $= 16 - j12(\Omega) = 20\angle -37°(\Omega)$

綜合練習 P.9-22

5. $i(t) = \dfrac{v(t)}{X_C} = \dfrac{10\sin(10t)V}{5\angle -90°}$
   $= 2\sin(10t + 90°)$ A

6. (1) $X_C = \dfrac{1}{500 \times 200\mu} = 10\Omega$

   (2) $i(t) = \dfrac{100\sqrt{2}\sin(500t + 30°)}{10\angle -90°}$
   $= 10\sqrt{2}\sin(500t + 120°)$A

8. (1) $v(t) = 121.2\cos(1000t)V$
   $= 121.2\sin(1000t + 90°)$ V
   電源電壓超前電源電流90°為純電感

   (2) $X_L = \dfrac{v(t)}{i(t)} = 10\,\Omega$，且
   $X_L = \omega L$
   $\Rightarrow L = \dfrac{X_L}{\omega} = \dfrac{10}{1000} = 10$ mH

9. $R\uparrow$、$Z\uparrow$、電源電流$\bar{I}$減小、電流超前電壓的角度$\theta\downarrow$（電容性），因此$\cos\theta$趨近於1。

12. $X = \dfrac{50\angle 30°}{5\angle -7°} = 10\angle 37° = 8+j6$

13. (1) $X_C = \dfrac{1}{\omega C} = \dfrac{1}{10 \times 10^6 \times 10^{-12}} = 100k\Omega$

   (2) 分壓定則：
   $v_o(t) = 60\sqrt{2}\sin(10^6 + 120°) \times \dfrac{100\angle -90°\text{k}\Omega}{100\sqrt{2}\angle -45°\text{k}\Omega}$
   $= 60\sin(10^6 + 75°)V$

14. (1) $\cos\theta = \dfrac{R}{Z} = \dfrac{6}{\sqrt{6^2 + X_L^2}} \Rightarrow X_L = 8\Omega$

   (2) 頻率增加至90Hz時電感抗X_L為12Ω。

   (3) $\cos\theta = \dfrac{R}{\sqrt{R^2 + X_L^2}} = \dfrac{6}{\sqrt{6^2 + 12^2}}$
   $= \dfrac{6}{6\sqrt{5}} = \dfrac{1}{\sqrt{5}}$

16. $PF = \dfrac{V_R}{V} = \dfrac{8}{\sqrt{8^2 + 6^2}} = 0.8$（滯後）

17. (1) $100 = \sqrt{60^2 + V_L^2} \Rightarrow V_L = 80V$

   (2) $I = \dfrac{60}{12} = 5A$；
   $X_L = \dfrac{80}{5} = 16\Omega \Rightarrow L \approx 42.44$mH

18. (1) 直流分析（電感器短路）：
   $R = \dfrac{40}{10} = 4\Omega$

   (2) 交流分析：
   $\dfrac{40}{8} = \sqrt{4^2 + X_L} \Rightarrow X_L = 3\Omega$
   $\Rightarrow L = 3$mH

22. (1) $X_L = \dfrac{\sqrt{100^2 - 60^2}}{4} = 20\Omega$

   (2) $X_L = 20 = 2 \times 3.14 \times 159 \times L$
   $\Rightarrow L = 20$mH

23. (1) $X_C = \dfrac{1}{\omega C} = -j400\,\Omega$

   (2) $Z = 300 - j400 = 500\Omega$

31. $\bar{Z} = \dfrac{\bar{V}}{\bar{I}} = \dfrac{100\angle 0°}{10\angle 37°} = 10\angle -37° = 8 - j6$；
   $8 - j6 = 4 + j5 + \bar{Z} \Rightarrow \bar{Z} = 4 - j11(\Omega)$

35. (1) $\bar{Z} = \dfrac{100\angle 0°}{10\angle -60°} = 10\angle 60° = 5 + j5\sqrt{3}\,\Omega$

   (2) 電感性：
   $5\sqrt{3} = (2\pi \times 159.2 \times 10m - \dfrac{1}{2\pi \times 159.2 \times C})$
   $\Rightarrow C \cong 746\mu F$

40. (1) $R = 20\Omega$；$X_L = j10\Omega$；$X_C = -j10\Omega$；
   $\bar{Z} = 20\Omega$

   (2) $v_R(t) = v(t)$

41. (1) $5\angle 53.1° = 3 + j4$

   (2) $\bar{Z} = (3 + j4) + (6 + j8) = 9 + j12(\Omega)$

   (3) $\bar{V_2} = 150\angle 0° \times \dfrac{6 + j8}{9 + j12} = 100\angle 0°V$

45. $\bar{Y} = \dfrac{1}{6 - j8} = \dfrac{6 + j8}{(6 - j8)(6 + j8)}$
   $= 0.06 + j0.08$S

46. $Z = 6 // j8 = \dfrac{6 \times j8}{6 + j8} = \dfrac{j48(6 - j8)}{(6 + j8)(6 - j8)}$
    $= 3.84 + j2.88 = 4.8\angle 37°\Omega$

47. (1) $10\cos(377t)A = 10\sin(377t + 90°)A$
    (2) $10\sin(377t + 90°) + 17.32\sin(377t)$
    $= 20\sin(377t + 30°)A$

49. (1) $\overline{Y} = \dfrac{15\angle 35°}{150/\sqrt{2}\angle -10°} = \dfrac{\sqrt{2}}{10}\angle 45°S$
    $= \dfrac{1}{10} + j\dfrac{1}{10}S$
    $\Rightarrow R = 10\Omega$
    (2) $X_C = 10\Omega \to C = 100\mu F$

56. $\overline{I} = 8 - j12 + j6 = 8 - j6 = 10\angle -37°A$

60. (1) $R_P = \dfrac{4^2 + 8^2}{4} = 20\Omega$
    (2) $X_P = \dfrac{4^2 + 8^2}{8} = j10\Omega$

61. $\overline{Z_T} = j + (1//-j) = j + \dfrac{-j}{1-j}$
    $= j + \dfrac{-j(1+j)}{(1-j)(1+j)} = j + \dfrac{1-j}{2}$
    $= \dfrac{1}{2} + j\dfrac{1}{2}\Omega$

62. $\dfrac{100}{6+j8} + \dfrac{100}{8-j6} = \dfrac{100}{10\angle 53°} + \dfrac{100}{10\angle -37°}$
    $= 10\angle -53° + 10\angle 37°$
    $= 6 - j8 + 8 + j6$
    $= 14 - j2 = 10\sqrt{2}A$

63. (1) $\overline{Z} = (3 + j2)//(-j2) = \dfrac{4}{3} - j2$
    (2) $V_{ab} = \dfrac{3}{\sqrt{2}} \times (\dfrac{4}{3} - j2)$
    $= \dfrac{3}{\sqrt{2}} \times \sqrt{(\dfrac{4}{3})^2 + (-2)^2} \approx 5V$

64. 將RL串聯電路轉為並聯電路：
    $X_P = \dfrac{R^2 + X_L^2}{X_L} = \dfrac{3^2 + 4^2}{4} = 6.25\Omega$
    $X_L = X_C = 6.25\Omega$

66. $\cos\theta = \dfrac{3}{\sqrt{3^2 + (2-6)^2}} = 0.6$（滯後）

68. (1) $\overline{V_s} = \dfrac{100}{\sqrt{2}}\angle 0°$
    (2) $\overline{I} = \dfrac{100/\sqrt{2}\angle 0°}{6 + j8} + \dfrac{100/\sqrt{2}\angle 0°}{25 - j25}$
    $= \dfrac{10}{\sqrt{2}}\angle -53° + 2\angle 45°$
    $= 5\sqrt{2}\angle -37°A$
    (3) $i(t) = 10\sin(1000t - 37°)A$

70. (1) $\overline{I_R} = 5\angle 30°\ A$
    (2) $\overline{I_C} = 5\angle 120°\ A$
    (3) $\overline{I_L} = 10\angle -60°\ A$
    (4) $\overline{I} = \overline{I_R} + (\overline{I_C} - \overline{I_L})$
    $= 5\angle 30° + 5\angle -60°$
    $= 5\sqrt{2}\angle -15°\ A$

71. (1) $j5\Omega // -j10\Omega = \dfrac{50}{-j5\Omega} = j10\ \Omega$
    (2) 總阻抗 $\overline{Z} = 10 + j10\Omega = 10\sqrt{2}\angle 45°\ \Omega$
    (3) 總電流
    $i(t) = \dfrac{20\sqrt{2}\sin 5t}{10\sqrt{2}\angle 45°} = 2\sin(5t - 45°)\ A$

72. (1) $\overline{I_1} = \dfrac{100\angle 0°}{10 - j10} = \dfrac{100\angle 0°}{10\sqrt{2}\angle -45°}$
    $= 5\sqrt{2}\angle 45°\ A$
    (2) $\overline{I_2} = \dfrac{100\angle 0°}{10 + j10} = \dfrac{100\angle 0°}{10\sqrt{2}\angle 45°}$
    $= 5\sqrt{2}\angle -45°\ A$
    (3) $\overline{I} = \overline{I_1} + \overline{I_2}$
    $= 5\sqrt{2}\angle 45°A + 5\sqrt{2}\angle -45°A$
    $= 10\angle 0°\ A$
    (4) $\overline{Z} = \dfrac{100\angle 0°}{10\angle 0°} = 10\angle 0°\ \Omega$
    (5) $\overline{V}$和$\overline{I}$為同相位，電路性質為純電阻性

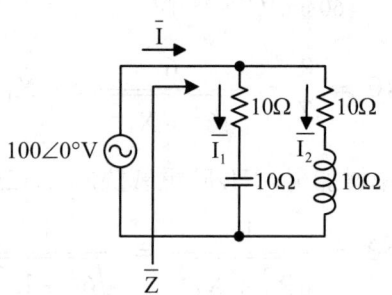

54

73. (1) $X_L = \omega \times L = 1000 \times 50m = 50\ \Omega$

(2) $I_L = \dfrac{V}{X_L} = \dfrac{100}{50} = 2\ A$

(3) 由圖中可以得知
$I_1 = \sqrt{I_C^2 + I_R^2} \Rightarrow 10 = \sqrt{8^2 + I_R^2}$
$\Rightarrow I_R = 6\ A$

(4) 功率因數
$\cos\theta = \dfrac{I_R}{I} = \dfrac{6}{\sqrt{6^2 + (8-2)^2}} = \dfrac{1}{\sqrt{2}}$
$= 0.707$（電容性）

74. $30 = \sqrt{24^2 + (I_L - 6)^2}$
$\Rightarrow I_L = 24A\ 或 -12A$（不合）

實習專區 P.9-31

1. (1) $\overline{Z} = 3 + j8 + (-j4) = 3 + j4 = 5\angle 53°\ \Omega$

(2) 電流 $I = \dfrac{\overline{V}}{\overline{Z}} = \dfrac{100\angle 0°}{5\angle 53°} = 20\angle -53°\ A$

(3) 電路為電感性負載，電壓超前電流53°

(4) 電阻之壓降
$\overline{V_R} = \overline{I} \times R = 20\angle -53° \times 3$
$= 60\angle -53°\ V$

3. $X_L = X_C$，所以電路為電阻性

4. (1) $v(t) = 110\sqrt{2}\sin(377t + 75°)\ V$
$i(t) = 5\sqrt{2}\sin(377t + 105°)\ A$
所以電流超前電壓30°

(2) 負載的阻抗 $\overline{Z} = \dfrac{110\angle 75°}{5\angle 105°} = 22\angle -30°\ \Omega$
為電容性負載

(3) 此負載的功率因數為
$\cos -30 = 0.866$（超前功因）

6. 電源頻率未改變，所以功率因數不變。

7. 交流電壓源之電流
$\overline{I} = \sqrt{I_R^2 + (I_C - I_L)^2}$
$= \sqrt{10^2 + (10-10)^2} = 10\ A$

8. (1) $Z = \dfrac{110}{11} = 10\ \Omega$

(2) $Z = \sqrt{R^2 + X_L^2} \Rightarrow 10 = \sqrt{8^2 + X_L^2}$
$\Rightarrow X_L = 6\ \Omega$

(3) 功率因數
$\cos\theta = \dfrac{R}{Z} = \dfrac{8}{10} = 0.8$（滯後功因）

9. (1) 電容器端電壓為80V。

(2) $\dfrac{60}{15} = \dfrac{80}{X_{C1}} \Rightarrow X_{C1} = 20\ \Omega$

10. 各通道探棒之黑色鱷魚夾的連接線於示波器內部相連，因此黑色測試棒應該碰觸在同一個節點。

108課綱統測試題 P.9-33

1. (1) $\overline{Z} = \dfrac{\overline{V}}{\overline{I}} = \dfrac{200\angle 0°}{5\sqrt{2}\angle 45°} = 20\sqrt{2}\angle -45°$
$= (20 - j20)\Omega$

(2) 電容抗 $X_C = \dfrac{1}{\omega C} \Rightarrow 20 = \dfrac{1}{500 \times C}$
$\Rightarrow C = 100\mu F$

2. (1) $\overline{I_R} = \dfrac{\overline{V}}{R} = \dfrac{240\angle 0°}{16\angle 0°} = 15A$

(2) $\overline{I_L} = \dfrac{\overline{V}}{X_L} = \dfrac{240\angle 0°}{12\angle 90°} = -j20A$

(3) 電流 $\overline{I_s} = (15 - j20)A$

3. $\overline{Z} = (4+j4)//(-j4) = \dfrac{(4+j4)\times(-j4)}{(4+j4)+(-j4)}$
$= \dfrac{16 - j16}{4} = (4 - j4)\Omega$

4. (1) 電路化簡如下：

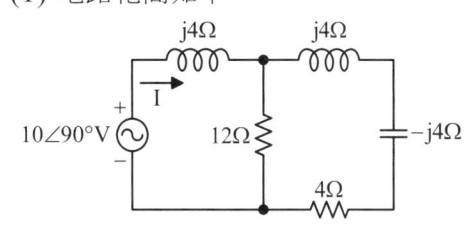

(2) 電源電流
$\overline{I} = \dfrac{10\angle 90°}{j4 + 3} = \dfrac{10\angle 90°}{5\angle 53°} = 2\angle 37°\ A$

(3) 流經12Ω電阻之電流
$2\angle 37°A \times \dfrac{4}{12 + 4}$（分流定則）
$= 0.5\angle 37°\ A$

5. 電源電流 $i(t) = \dfrac{120\sin(1000t + 60°)}{6 + j6}$

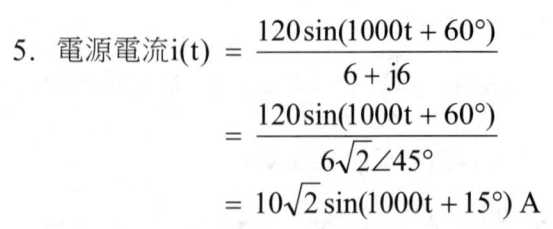

$= \dfrac{120\sin(1000t + 60°)}{6\sqrt{2}\angle 45°}$

$= 10\sqrt{2}\sin(1000t + 15°)$ A

6. (1) j5串聯 –j5為0歐姆，將3 – j4(Ω)短路

(2) $\overline{I_1} = \dfrac{12\angle 0°\,V}{4\Omega} = 3\angle 0°$ A

$\overline{I_2} = -\overline{I_1} = 3\angle 180°$ A

$\overline{V_{ab}} = 3\angle 0° \times 4 = 12\angle 0°$ V

7. 電源電壓$v_s(t)$和電阻電流$i_R(t)$同相位；
電源電壓$v_s(t)$超前電感電流$i_L(t)$相位90°。

8. (1) 電感抗$X_L = \omega L$
$= 500 \times 20mH = 10\,\Omega$

(2) 電感電流的有效值$I_L = \dfrac{50V}{10\Omega} = 5$ A

9. $\overline{Z_{ab}} = 20 + j8 + (j6 // -j12)$
$= 20 + j8 + j12 = 20 + j20\,\Omega$

10.(1) 線路電流 $\dfrac{200}{\sqrt{16^2 + (16-4)^2}} = 10$ A

(2) $V_2 = 10 \times 16 = 160$ V

(3) $V_3 = 10 \times (16 - 4) = 120$ V

情境素養題 P.9-35

1. $\overline{Z} = R + j(X_L - X_C)$
$\Rightarrow 10 = \sqrt{R^2 + (13 - 7)^2}$
$\Rightarrow R = 8\,\Omega$

2. 已知總阻抗為10Ω，
所以 $|\overline{V_R}| : |\overline{V_R}| : |\overline{V_C}| = 8 : 13 : 7$，
且 $|\overline{V_R}| : |\overline{V_L} - \overline{V_C}| = 8 : 6$，
只要運用比例關係即可判別各元件，A元件為8Ω的電阻器、B元件為13Ω的電感器、C元件為7Ω的電容器。

5. $V = \sqrt{120^2 + (195 - 105)^2} = 150$ V

6. $V_3 = 30 \times 7 = 210$ V

Chapter 10 交流電功率

10-1學生做

1. $p(t) = VI[\cos(\theta_v - \theta_i) - \cos(2\omega t + \theta_v + \theta_i)]$

   $p(t) = \dfrac{50\sqrt{2}}{\sqrt{2}} \times \dfrac{20\sqrt{2}}{\sqrt{2}}[\cos(90° - 150°)$
   $\qquad\qquad - \cos(200t + 90° + 150°)]$

   (1) $p(t) = 500 - 1000\cos(200t - 120°)]$(瓦特)

   (2) $P_{max} = 500 + 1000 = 1500$(瓦特)

   (3) $P_{min} = 500 - 1000 = -500$(瓦特)

2. 純電阻電路

   (1) $p(t) = VI[\cos(\theta_v - \theta_i) - \cos(2\omega t + \theta_v + \theta_i)]$
   $p(t) = 150\sqrt{2} - 150\sqrt{2}\cos(200t + 50°)$瓦特

   (2) $P_{max} = 150\sqrt{2} - 150\sqrt{2} \times (-1) = 300\sqrt{2}$W

   (3) $P_{min} = 150\sqrt{2} - 150\sqrt{2} \times 1 = 0$W

3. 純電感電路

   (1) $p(t) = VI[\cos(\theta_v - \theta_i) - \cos(2\omega t + \theta_v + \theta_i)]$
   $p(t) = -100\cos 200t$瓦特

   (2) $P_{max} = -100 \times (-1) = 100$W

   (3) $P_{min} = -100 \times 1 = -100$W

4. 純電容電路

   (1) $p(t) = VI[\cos(\theta_v - \theta_i) - \cos(2\omega t + \theta_v + \theta_i)]$
   $p(t) = -300\cos(400t - 30°)]$瓦特

   (2) $P_{max} = -300 \times (-1) = 300$W

   (3) $P_{min} = -300 \times 1 = -300$W

10-1立即練習

1. $VI[\cos(\theta_v - \theta_i) - \cos(2\omega t + \theta_v + \theta_i)]$
   $= 500[\cos(60°) - \cos(100t + 150°)]$
   $= 250 - 500\cos(100t + 150°)$

2. (1) $VI[\cos(\theta_v - \theta_i) - \cos(2\omega t + \theta_v + \theta_i)]$
   $= 10[\cos(30°) - \cos(628t + 90°)]$
   $= 5\sqrt{3} - 10\cos(628t + 90°)$

   (2) $t = \dfrac{1}{120}$秒帶入方程式：
   $5\sqrt{3} - 10\cos(200\pi \times \dfrac{1}{120} + 90°)$
   $= 5\sqrt{3} - 5\sqrt{3} = 0$ W

3. $VI[\cos(\theta_v - \theta_i) - \cos(2\omega t + \theta_v + \theta_i)]$
   $= VI[\cos(15°) - \cos(628t + 90°)]$
   $= VI\cos 15° - VI\cos(628t + 45°)$

   ∴ 令$\cos(628t + 45°) = \sin(628t + 135°) = -1$
   可產生P_{max}，$200\pi t + \dfrac{3}{4}\pi = -\dfrac{\pi}{2} \Rightarrow t = -\dfrac{1}{160}$秒

   $-\dfrac{1}{160} + \dfrac{1}{100} = \dfrac{3}{800} = 3.75$ms
   （加上一個週期以校正正確的時間）

4. 令$\cos(628t + 45°) = \sin(628t + 135°) = 1$
   可產生P_{min}，$200\pi t + \dfrac{3}{4}\pi = \dfrac{\pi}{2} \Rightarrow t = -\dfrac{1}{800}$秒

   $-\dfrac{1}{800} + \dfrac{1}{100} = \dfrac{7}{800} = 8.75$ms
   （加上一個週期以校正正確的時間）

5. $P_{min} = -VI = -\dfrac{V^2}{X_C} = -\dfrac{20^2}{10} = -40$W

6. $P_{max} = VI = \dfrac{V^2}{X_L} = \dfrac{100^2}{5} = 2000$W

7. (1) $\overline{V} = 60\sqrt{2}\angle 120°$ V，
   $\overline{I} = \dfrac{60\sqrt{2}\angle 120°}{24 - j18} = \dfrac{60\sqrt{2}\angle 120°}{30\angle -37°}$
   $= 2\sqrt{2}\angle 157°$A

   (2) $\overline{S} = \overline{V} \cdot \overline{I}^* = 60\sqrt{2}\angle 120° \times (2\sqrt{2}\angle 157°)^*$
   $= 240\angle -37° = 192 - j144$VA

   (3) 最大瞬間功率
   $P_{max} = P + S = 192 + 240 = 432$W

10-2學生做

1. (1) $S = VI^* = (10 - j20)(5 + j2)^*$
   $= (10 - j20)(5 - j2)$
   $S = 10 - j120$伏安（VA）
   因此平均功率P = 10瓦特（W）

   (2) 虛功率Q = 120乏（VAR）

   (3) $-jQ$為電容性電路

2. (1) $S = VI^* = 8\angle -60° \times 10\angle 30°$
   $= 80\angle -30°$
   視在功率為80伏安（VA）

   (2) $80\angle -30° = 40\sqrt{3} - j40$伏安（VA）
   平均功率為$40\sqrt{3}$瓦特（W）

(3) 虛功率為40乏（VAR）
(4) $-jQ$ 電容性電路

3. (1) $P = I^2 \times R = 2^2 \times 4 = 16$ 瓦特（W）
   (2) $Q = I^2 \times (X_C - X_L) = 2^2 \times 4$
       $= 16$ 乏（VAR）（電容性）
   (3) $S = \sqrt{P^2 + Q^2} = \sqrt{16^2 + 16^2}$
       $= 16\sqrt{2}$ 伏安（VA）

4. (1) $P = \dfrac{V^2}{R} = \dfrac{100^2}{10} = 1000$ 瓦特（W）
   (2) $Q = \dfrac{V^2}{X_C} - \dfrac{V^2}{X_L} = \dfrac{100^2}{10} - \dfrac{100^2}{20}$
       $= 500$ 乏（VAR）
   (3) $B_C > B_L$ 或 $Q_C > Q_L$ 為電容性電路

10-2 立即練習 P.10-9

3. (1) $\bar{I} = \dfrac{\bar{V}}{\bar{Z}} = \dfrac{100\angle 0°}{100\angle 37°} = 1\angle -37°\Omega$
   (2) $S = VI^* = 100\angle 0° \times 1\angle 37° = 100\angle 37°$
       $= 80 + j60$

4. (1) $\bar{Z} = 8 + j6 = 10\angle 37°(\Omega)$
   (2) $\bar{I} = \dfrac{100\angle 60°}{10\angle 37°} = 10\angle 23°(A)$
   (3) $S = VI^* = 100\angle 60° \times 10\angle -23°$
       $= 1000\angle 37° = 800 + j600$ 伏安（VA）

5. (1) $\bar{V} = 100\angle 30°$；$\bar{I} = 20\angle 60°$
   (2) $S = VI^* = 100\angle 30° \times 20\angle -60°$
       $= 1000\sqrt{3} - j1000(VA)$（電容性）

6. (1) $I_1 = \dfrac{100}{\sqrt{8^2 + 6^2}} = 10A$
   (2) $I_2 = \dfrac{100}{10} = 10A$
   (3) $P = I^2R = 10^2 \times 8 = 800W$
   (4) $Q_L = jI^2X_L = j10^2 \times 10 = j1000VAR$
       $Q_C = -jI^2X_C$
       $= -j10^2 \times 6 = -j600VAR$
   (5) $Q = j400VAR$（$Q_L > Q_C$，電感性）

(6) $S = \sqrt{800^2 + 400^2} = 400\sqrt{5}(VA)$
(7) $\cos\theta = \dfrac{P}{S} = \dfrac{800}{400\sqrt{5}} = \dfrac{2}{\sqrt{5}}$（滯後）

7. (1) $\bar{I_1} = \dfrac{100}{6 + j10 - j2} = 10\angle -53°A\,(6-j8)$
   (2) $\bar{I_2} = \dfrac{100}{6 + j2 - j10} = 10\angle 53°A\,(6+j8)$
   (3) $\bar{I} = \bar{I_1} + \bar{I_2} = 12\angle 0°A$
   (4) $S = VI^* = 100\angle 0° \times 12\angle 0° = 1200(VA)$
   (5) $\cos\theta = 1$（電阻性）

8. (1) $j40 // (-j20) = \dfrac{800}{j20} = -j40\Omega$
   (2) $\bar{I} = \dfrac{100}{30 - j40} = 2\angle 53°A$
   (3) $P = I^2R = 2^2 \times 30 = 120W$
   (4) $Q = I^2(X_L // X_C) = 2^2 \times 40 = 160VAR$

10-3 學生做 P.10-11

1. (1) $Q_C = \left(\dfrac{100/\sqrt{2}}{10 + j10}\right)^2 \times 10 = 250VAR$
   (2) $Q_C = \dfrac{V^2}{X_C} \Rightarrow 250 = \dfrac{(100/\sqrt{2})^2}{X_C}$
       $\Rightarrow X_C = 20\Omega$
   (3) $X_C = \dfrac{1}{\omega C} \Rightarrow 20 = \dfrac{1}{400 \times C}$
       $\Rightarrow C = 125\mu F$

2. $\cos\theta_2 \times I_{L2} = \cos\theta_1 \times I_{L1}$
   $\cos\theta_2 \times 60 = 0.6 \times 70.7$
   $\Rightarrow \cos\theta_2 = 0.707$（滯後）

3. **解一** 公式解：
   $Q_C = P(\tan\theta_1 - \tan\theta_2)$
   $P = 300k \times 0.707 = 150\sqrt{2}kW$
   $Q_C = 150\sqrt{2}k \times (\tan 45° - \tan 37°)$
   $= 37.5\sqrt{2}kVAR$

   解二 圖解：畫功率三角形

4. $P_{loss2} \times \cos^2\theta_2 = P_{loss1} \times \cos^2\theta_1$
   $168.75 \times \cos^2\theta = 300 \times 0.6^2$
   $\Rightarrow \cos\theta = 0.8$（滯後）

10-3立即練習 P.10-12

1. $\overline{Z} = 16 + j12$，$\cos\theta = 0.8$

4. $Q_C = P(\tan\theta_1 - \tan\theta_2)$
   $= 400k \times 0.6 \times (\tan 53° - \tan 37°)$
   $= 140kVAR$

綜合練習 P.10-13

2. (1) $P = \dfrac{V^2}{R} = \dfrac{100^2}{50} = 200W$

   (2) $P_{max} = 2P = 2 \times 200 = 400W$

5. (1) $S = VI = \dfrac{150}{\sqrt{2}} \times \dfrac{10}{\sqrt{2}} = 750VA$

   (2) $P = VI \times \cos\theta = S \times \cos\theta$
   $= 750 \times \cos 60° = 375W$

   (3) $P_{max} = P + S = 375 + 750 = 1125W$

   (4) $P_{min} = P - S = 375 - 750 = -375W$

7. 最大瞬間功率的頻率為2倍的電源頻率。

10. 該電路為純電容電路，因此視在功率（S）等於虛功率（Q）。

17. $P = VI \times \cos\theta$
    $= \dfrac{5}{\sqrt{2}} \times \dfrac{4}{\sqrt{2}} \times \cos 60° = 5W$

26. $\cos\theta = \dfrac{P}{S} = \dfrac{P}{\sqrt{P^2 + Q^2}} = \dfrac{600}{\sqrt{600^2 + 800^2}}$
    $= 0.6$滯後（電感性）

27. (1) $j12 // (-j6) = \dfrac{72}{j6} = -j12$

    (2) 電源電流為 $\dfrac{200\angle 0°}{9 - j12} = \dfrac{40}{3}\angle 53°A$

    (3) 9Ω電阻消耗$\left(\dfrac{40}{3}\right)^2 \times 9 = 1600$瓦

30. (1) $P = \dfrac{V^2}{R} = \dfrac{600^2}{300} = 1200W$

    (2) $Q_L = \dfrac{V^2}{X_L} = \dfrac{600^2}{720}$
    $= 500VAR$（電感性）

    (3) $Q_C = \dfrac{V^2}{X_C} = \dfrac{600^2}{360}$
    $= 1000VAR$（電容性）

   (4) $S = \sqrt{P^2 + Q^2}$
   $= \sqrt{1200^2 + (-1000 + 500)^2}$
   $= 1300VAR$

32. (1) 電源電壓
    $\overline{V} = 80 + j60 - j120 = 100\angle -37°V$

    (2) $S = VI = 100 \times 10 = 1000VA$

33. $\overline{S} = VI^* = (5 + j2) \times (3 - j4)$
    $= 15 - j20 + j6 + 8 = 23 - j14 VA$

35. (1) $\overline{Z} = R + j(X_L - X_C)$
    $= 40\Omega + j(60 - 30)$
    $= 40 + j30 = 50\angle 37°\Omega$

    (2) $\cos 37° = 0.8$（電感性）

36. (1) $\overline{I_A} = 10\angle 45°A$，$\overline{I_B} = 10\sqrt{2}\angle 180°A$

    (2) $\overline{I_A} + \overline{I_B} = 10\angle 45°A + 10\sqrt{2}\angle 180°A$
    $= (5\sqrt{2} + j5\sqrt{2}) - 10\sqrt{2}$
    $= -5\sqrt{2} + j5\sqrt{2} = 10\angle 135°A$

    (3) 視在功率$S = VI = 240 \times 10 = 2400VA$

37. $\cos\theta_S = 0.6$
    $\cos^2\theta_S + \cos^2\theta_P = 1 \Rightarrow 0.6^2 + \cos^2\theta_P = 1$
    $\Rightarrow \cos\theta_P = 0.8$

39. $P_S = P_P \times \cos^2\theta_S \Rightarrow 1200 = P_P \times 0.8^2$
    $\Rightarrow P_P = 1875W$

40. (1) $P_{loss2} \times 0.95^2 = 10000 \times 5\% \times 0.7^2$
    $\Rightarrow P_{loss2} \approx 271.5$度

    (2) 因此減少$500 - 271.5 = 228.5$度

41. (1) $Q_C = \dfrac{4k}{0.8} \times 0.6 = 3kVAR$

    (2) $C = \dfrac{Q_C}{2 \times \pi \times f \times V^2} = \dfrac{3000}{377 \times 110^2}$
    $\approx 658\mu F$

42. (1) $Q_C = P(\tan\theta_1 - \tan\theta_2)$
    $= 4000 \times \dfrac{0.6}{0.8} = 3kVAR$

    (2) $C = \dfrac{Q_C}{\omega \times V^2} = \dfrac{3000}{300 \times (200/\sqrt{2})^2}$
    $= 500\mu F$

108課綱統測試題 P.10-18

1. (1) $\bar{S} = \bar{V} \times \bar{I}^* = \dfrac{400}{\sqrt{2}} \angle 0° \times \dfrac{40}{\sqrt{2}} \angle 60°$
   $= 8000 \angle 60° = 4000 + j4000\sqrt{3}$ 伏安
   (2) $P_{max} = P + S = 4000 + 8000 = 12\text{kW}$

2. (1) 串聯電路的總阻抗
   $\bar{Z} = 6 + j20 + (-j12) = 6 + j8\ \Omega$
   (2) 線路電流
   $\bar{I} = \dfrac{\bar{V}}{\bar{Z}} = \dfrac{100\angle 0°}{6+j8} = \dfrac{100\angle 0°}{10\angle 53°}$
   $= 10\angle -53°\ \text{A}$
   (3) $\bar{S} = \bar{V} \times \bar{I}^* = 100\angle 0° \times (10\angle -53°)^*$
   $= 1000\angle 53° = 600 + j800$
   (4) $P_{max} = P + S = 600 + 1000 = 1600\ \text{W}$

3. (1) 電源電壓 $|\bar{V}| = |10 \times (8 - j6)| = 100\ \text{V}$
   (2) 通過3Ω的電流
   $\left|\overline{I_{3\Omega}}\right| = \left|\dfrac{\bar{V}}{\bar{Z}}\right| = \dfrac{100}{|3+j4|} = 20\ \text{A}$
   (3) 電源供給之平均功率
   $P = I_{3\Omega}^2 R_{3\Omega} + I_{8\Omega}^2 R_{8\Omega}$
   $= 20^2 \times 3 + 10^2 \times 8 = 2000\ \text{W}$
   (4) 電源供給之虛功率
   $Q = I_{3\Omega}^2 \times X_L - I_{4\Omega}^2 \times X_C$
   $= 20^2 \times 4 - 10^2 \times 6$
   $= 1000\ \text{VAR}$（電感性）

4. 總阻抗 $\bar{Z} = 3 + j10 + (j8 // -j4)$
   $= 3 + j10 + (-j8) = (3 + j2)\ \Omega$

5. (1) 假設電流表讀值為4∠0°A，可以得知通過j8Ω的電流為：
   $\dfrac{4\angle 0° \times 4\angle -90°}{8\angle 90°} = 2\angle 180°\ \text{A}$
   因此電源電流為2∠0°A
   (2) 電源電壓 $\bar{V} = \bar{I} \times \bar{Z} = 2 \times (3 + j2)$
   $= (6 + j4)\ \text{V}$（伏特）
   (3) $\bar{S} = \bar{V} \times \bar{I}^* = (6 + j4) \times (2)^*$
   $= (12 + j8)\ \text{VA}$

   (4) 可以得知電源供給平均功率為12W，
   虛功率為8VAR（電感性），
   視在功率為$4\sqrt{13}$ VA，
   功率因數為 $\dfrac{12}{4\sqrt{13}} \approx 0.83$（落後）

6. (1) 計算每個路徑電流如下圖：

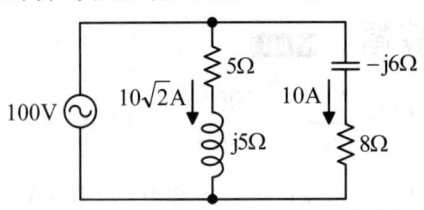

   (2) 計算平均功率P與虛功率Q
   $P = (10\sqrt{2})^2 \times 5 + 10^2 \times 8 = 1800\ \text{W}$
   $Q = (10\sqrt{2})^2 \times j5 + 10^2 \times -j6$
   $= j400\ \text{VAR}$（電感性）

情境素養題 P.10-19

1. $P = \dfrac{V^2}{R} \Rightarrow 1250 = \dfrac{100^2}{R} \Rightarrow R = 8\ \Omega$

2. 功率因數為0.707滯後，表示電路為電感性，即$Q_L > Q_C$，且功率因數為0.707，表示$P = (Q_L - Q_C)$，因此$X_C = 4\ \Omega$

3. $X_L = \omega L \Rightarrow 12 = 100 \times L \Rightarrow L = 120\ \text{mH}$

4. $X_C = \dfrac{1}{\omega C} \Rightarrow 4 = \dfrac{1}{100 \times C} \Rightarrow C = 2.5\ \text{mF}$

5. $S = \sqrt{P^2 + Q^2} = \sqrt{1250^2 + 1250^2}$
   $= 1250\sqrt{2}$ 伏安

6. $P_{max} = P + S = 1250 \times (1 + \sqrt{2})$ 瓦特

7. 當 $\omega_o = \omega \times \sqrt{\dfrac{X_C}{X_L}} = 100 \times \sqrt{\dfrac{4}{12}}$
   $\approx 57.7\ \text{rad/s}$
   $X_L = X_C$，電路為短路狀態

8. $\dfrac{RL}{C} = \dfrac{8 \times 120\text{m}}{2.5\text{m}} = 384$

Chapter 11 諧振電路

11-1 學生做 P.11-4

1. (1) 諧振頻率

$$f_0 = \frac{1}{2\pi\sqrt{LC}} = \frac{0.16}{\sqrt{4m \times 40\mu}} = 400Hz$$

(2) 品質因數 $Q = \frac{1}{R}\sqrt{\frac{L}{C}} = \frac{1}{1}\sqrt{\frac{4m}{40\mu}} = 10$

(3) 頻帶寬度 $BW = \frac{f_0}{Q} = \frac{400}{10} = 40Hz$

(4) $f_2 = f_0 + \frac{BW}{2} = 400 + \frac{40}{2} = 420Hz$

(5) $f_1 = f_0 - \frac{BW}{2} = 400 - \frac{40}{2} = 380Hz$

2. $Q = \frac{f_0}{BW} = \frac{300}{30} = 10$

   (1) 電阻端電壓（為電源電壓）$V_{R0} = 40V$

   (2) 電容器端電壓 $V_{C0} = QV = 10 \times 40 = 400V$

3. $Q < 10$，$f_0 = \sqrt{f_1 \times f_2} = \sqrt{40 \times 90} = 60Hz$

11-1 立即練習 P.11-5

7. $f_0 = \frac{1}{2\pi\sqrt{LC}} = \frac{0.16}{\sqrt{10m \times 400\mu}} = 80Hz$

8. $Q = \frac{X_{L0}}{R} = \frac{20}{4} = 5$

9. (1) $Q = \frac{1}{R}\sqrt{\frac{L}{C}} = \frac{1}{10}\sqrt{\frac{360m}{4\mu}} = 30$

   (2) $V_{L0} = V_{C0} = Q \times V = 30 \times 50 = 1500V$

11-2 學生做 P.11-8

1. (1) 諧振頻率

$$f_0 = \frac{1}{2\pi\sqrt{LC}} = \frac{0.16}{\sqrt{500\mu \times 2m}} = 160Hz$$

(2) 品質因數 $Q = R\sqrt{\frac{C}{L}} = 10\sqrt{\frac{2m}{500\mu}} = 20$

(3) 頻帶寬度 $BW = \frac{f_0}{Q} = \frac{160}{20} = 8Hz$

(4) $f_2 = f_0 + \frac{BW}{2} = 160 + \frac{8}{2} = 164Hz$

(5) $f_1 = f_0 - \frac{BW}{2} = 160 - \frac{8}{2} = 156Hz$

2. $Q = \frac{f_0}{BW} = \frac{1500}{50} = 30$

   電容器的電流 $I_{C0} = Q \times I = 30 \times 10 = 300A$

3. $Q = \frac{B_{L0}}{G} = \frac{0.1}{0.05} = 2$

11-2 立即練習 P.11-9

5. 並聯電路消耗的實功率不變。

7. (1) $f_0 = \frac{1}{2\pi\sqrt{LC}} = \frac{0.16}{\sqrt{LC}} = \frac{0.16}{\sqrt{25\mu \times 10m}}$
   $= 320Hz$

   (2) $Q = R \times \sqrt{\frac{C}{L}} = 2 \times \sqrt{\frac{10m}{25\mu}} = 40$

   (3) $Q = \frac{f_0}{BW} \Rightarrow 40 = \frac{320}{BW} \Rightarrow BW = 8Hz$

8. $Q < 10$，
   $f_0 = \sqrt{f_1 \times f_2} = \sqrt{120 \times 480} = 240Hz$

9. (1) $f_0 = \frac{1}{2\pi\sqrt{LC}} = \frac{0.16}{\sqrt{LC}} = \frac{0.16}{\sqrt{4 \times 1\mu}}$
   $= 80Hz$

   (2) $Q = R \times \sqrt{\frac{C}{L}} = 30k \times \sqrt{\frac{1\mu}{4}} = 15$

   (3) $Q = \frac{f_0}{BW} \Rightarrow 15 = \frac{80}{BW} \Rightarrow BW = \frac{16}{3}Hz$

   (4) $f_2 = f_0 + \frac{BW}{2} = 80 + \frac{16/3}{2} \approx 82.7Hz$

綜合練習 P.11-10

1. 串聯電路每個元件的電流大小及相位皆相同。

2. 線路阻抗 $Z = R$

10. 電源的電壓與電流同相位（電路已達諧振），
    $f = \frac{1}{2\pi\sqrt{LC}} = \frac{0.16}{\sqrt{500m \times 50\mu}} = 32Hz$

12. $f_0 = f \times \sqrt{\dfrac{X_C}{X_L}} \Rightarrow 1000 = f \times \sqrt{\dfrac{4X_L}{X_L}}$
$\Rightarrow f = 500Hz$

13. 半功率點 $\Rightarrow \dfrac{200}{2} = 100$ 瓦特（W）

16. (1) $Q = \dfrac{X_{L0}}{R} = \dfrac{100}{10} = 10$

    (2) $BW = \dfrac{f_0}{Q} = \dfrac{1000}{10} = 100Hz$

20. (1) $\cos\theta = 1$

    (2) $P = \dfrac{V^2}{R} = \dfrac{100^2}{10} = 1kW$

21. $f_0 = f \times \sqrt{\dfrac{X_C}{X_L}} = 50 \times \sqrt{\dfrac{4}{100}} = 10Hz$

22. $f_0 = f \times \sqrt{\dfrac{X_C}{X_L}} = 2000 \times \sqrt{\dfrac{25}{4}} = 5kHz$

25. $f_0 = \dfrac{\omega}{2\pi}\sqrt{\dfrac{X_C}{X_L}} = \dfrac{9000}{2\pi} \times \sqrt{\dfrac{1}{3}} \approx 827Hz$

26. (1) $Q = \dfrac{1}{R}\sqrt{\dfrac{L}{C}} = 4$

    (2) $V_{C0} = Q \times V = 4 \times 110 = 440V$

29. (1) $Q = \dfrac{1}{R}\sqrt{\dfrac{L}{C}} = \dfrac{1}{10}\sqrt{\dfrac{20m}{200\mu}} = 1$

    (2) $V_{C0} = Q \times V = 1 \times 100 = 100V$

30. $f_0 = f \times \sqrt{\dfrac{X_C}{X_L}} = 1000 \times \sqrt{\dfrac{16}{4}} = 2kHz$

31. $\omega_0 = \omega \times \sqrt{\dfrac{X_C}{X_L}} = 500 \times \sqrt{\dfrac{40}{250}}$
$= 200\ rad/s$

32. $Q = \dfrac{1}{R}\sqrt{\dfrac{L}{C}}$，當R為定值，則$\dfrac{L}{C}$比值愈大，則品質因數Q值愈大

$Q = \dfrac{V_{L0}}{V_R} = \dfrac{V_{L0}}{V} \Rightarrow V_{L0} = Q \times V$ 愈大

33. 諧振時所消耗的功率為截止頻率之2倍，因此為1000W。

34. (1) 兩者同相位，表示 $X_L = X_C$
$\Rightarrow \omega_0 = \dfrac{1}{\sqrt{LC}} = \dfrac{1}{\sqrt{4 \times 1}} = 0.5$

    (2) 所以電源電流
$i(t) = \dfrac{v(t)}{R} = \dfrac{100\sqrt{2}\sin(0.5t - 45°)}{5}$
$= 20\sqrt{2}\sin(0.5t - 45°)\ A$

    (3) $i(4\pi) = 20\sqrt{2}\sin(0.5t - 45°)A$
$= 20\sqrt{2}\sin(360° - 45°)$
$= 20\sqrt{2}\sin(-45°) = -20\ A$

35. $f_0 = f \times \sqrt{\dfrac{X_C}{X_L}} = 60 \times \sqrt{\dfrac{10}{0.4}} = 300Hz$

38. $Q = \dfrac{R}{X_{C0}} \Rightarrow \dfrac{R}{10} = 12 \Rightarrow R = 120\Omega$

40. $Q \geq 10$，
$f_0 = \dfrac{f_1 + f_2}{2} = \dfrac{536.25 + 563.75}{2} = 550Hz$

44. (1) $f_0 = f \times \sqrt{\dfrac{X_C}{X_L}} \Rightarrow f_0 = 90 \times \sqrt{\dfrac{200}{600}}$
$\Rightarrow f_0 = 30\sqrt{3}\ Hz$

    (2) 諧振時的電感抗 $X_{L0} = 200\sqrt{3}\ \Omega$

    (3) $Q = \dfrac{R}{X_{L0}} = \dfrac{1500\sqrt{3}}{200\sqrt{3}} = 7.5$

46. (1) $f_0 = \dfrac{0.16}{\sqrt{LC}} = 80\ Hz$

    (2) $Q = R\sqrt{\dfrac{C}{L}} = 10$

    (3) $BW = 8\ Hz$

48. $X_L = X_C \Rightarrow \omega L = \dfrac{1}{\omega C}$
$\Rightarrow 2000 \times 1m = \dfrac{1}{2000 \times C}$
$\Rightarrow C = 250\mu F$

53. $P = \dfrac{V^2}{R} = \dfrac{100^2}{50} = 200W$

54. $X_L = X_C \Rightarrow \omega L = \dfrac{1}{\omega C}$
$\Rightarrow 1000 \times L = \dfrac{1}{1000 \times 20\mu F}$
$\Rightarrow L = 0.05\ H$

55. (1) $X_C = \dfrac{1}{\omega C} = \dfrac{1}{1 \times 10m} = 100\,\Omega$

(2) $Q_{C0} = \dfrac{V^2}{X_{C0}} = \dfrac{50^2}{100} = 25\,乏\,(VAR)$

(3) 品質因數Q的定義為諧振時電感或電容產生之虛功率與實功率之比值

$Q = \dfrac{Q_{C0}}{P} = \dfrac{25}{25} = 1$

108課綱統測試題 P.11-16

1. (1) $S = \sqrt{P^2 + Q_L{}^2} \Rightarrow 5 = \sqrt{3^2 + Q_L{}^2}$
   $\Rightarrow Q_L = 4\,kVAR$

   (2) 因為電源的功率因數為1.0，
   $Q_C = Q_L = 4\,kVR$
   $\Rightarrow Q_C = \dfrac{V^2}{X_C} \Rightarrow 4000 = \dfrac{200^2}{X_C}$
   $\Rightarrow X_C = 10\,\Omega$

2. (1) $Q = \dfrac{X_{L0}}{R} \Rightarrow 5 = \dfrac{2000 \times L}{4}$
   $\Rightarrow L = 10\,mH$

   (2) $Q = \dfrac{X_{C0}}{R} \Rightarrow 5 = \dfrac{\frac{1}{2000 \times C}}{4}$
   $\Rightarrow C = 25\,\mu F$

3. (1) 串聯諧振又稱為電壓諧振，諧振時電壓放大Q倍

   (2) $V_{C0} = Q \times V = 5 \times 50 = 250\,V$

4. 當$X_L = X_C$的時候電源電流最大，
   即$\omega L = \dfrac{1}{\omega C} \Rightarrow 2000 \times 20m = \dfrac{1}{2000 \times C}$
   $\Rightarrow C = 12.5\,\mu F$

5. 當$X_L = X_C$時（諧振時），電感與電容之虛功率大小相等。

6. $f_0 = f \times \sqrt{\dfrac{X_C}{X_L}} = 240 \times \sqrt{\dfrac{40}{160}} = 120\,Hz$

7. (1) 頻帶寬度
   $BW = \dfrac{1}{2\pi RC} \Rightarrow \dfrac{250}{\pi} = \dfrac{1}{2\pi \times 200 \times C}$
   $\Rightarrow C = 10\,\mu F$

   (2) 諧振頻率
   $f_0 = \dfrac{1}{2\pi\sqrt{LC}} = \dfrac{1}{2\pi\sqrt{1m \times 10\mu}}$
   $= \dfrac{5000}{\pi}\,Hz$

   (3) 品質因數$Q = \dfrac{f_0}{BW} = \dfrac{\frac{5000}{\pi}}{\frac{250}{\pi}} = 20$

   (4) $Q \geq 10$，$f_0 = \dfrac{f_1 + f_2}{2}$為算術平均數，
   上截止頻率$f_2 = f_0 + \dfrac{BW}{2} \approx 1632\,Hz$，
   而下截止頻率$f_1 = f_0 - \dfrac{BW}{2} \approx 1552\,Hz$

8. $\omega_o = \dfrac{1}{\sqrt{L_P C_P}} \Rightarrow 2000 = \dfrac{1}{\sqrt{5m \times C_P}}$
   $\Rightarrow C_P = 50\,\mu F$

9. (1) 電源電壓為$\dfrac{5}{\sqrt{2}} \times 40 = 100\sqrt{2}\,V$

   (2) 電感抗$X_{L0} = \omega_o \times L_P$
   $= 2000 \times 5m = 10\,\Omega$

   (3) 電感電流$i_L(t)$的有效值為$\dfrac{100\sqrt{2}}{10} = 10\sqrt{2}\,A$

情境素養題 P.11-18

1. $\omega_0 = \dfrac{1}{\sqrt{LC}}$
   $\Rightarrow$ 當L與C兩者皆最小，諧振角頻率最大

2. $\omega_0 = \dfrac{1}{\sqrt{LC}} = \dfrac{1}{\sqrt{0.01m \times 0.001\mu}}$
   $= 10M\,(rad/s)$

3. $\omega_0 = \dfrac{1}{\sqrt{LC}} = \dfrac{1}{\sqrt{100m \times 10\mu}}$
   $= 1000\,(rad/s)$

4. $f_0 = \dfrac{0.16}{\sqrt{LC}} = \dfrac{0.16}{\sqrt{10\mu \times 100m}} = 160\,Hz$

5. $P = \dfrac{V^2}{R} \Rightarrow 100 = \dfrac{100^2}{R} \Rightarrow R = 100\,\Omega$

63

Chapter 12 交流電源

12-1 學生做 P.12-3

1. (1) 線路電流 $I = \dfrac{110}{(20 // 20) + 0.5 + 0.5}$
   $= 10A$

   (2) 線路損失 $P_{loss} = 2 \times 10^2 \times 0.5 = 100W$

2. (1) $\begin{cases} 240V/960W \Rightarrow R_A = 60\Omega \\ 240V/1440W \Rightarrow R_B = 40\Omega \end{cases}$

   $I_1 = \dfrac{240}{60} = 4A$; $I_2 = \dfrac{240}{40} = 6A$;
   $I_N = -2A$

   (2) 中性線燒毀時：

   A負載端電壓 $480 \times \dfrac{60}{60+40} = 288V$（燒毀）

   B負載端電壓 $0V$

12-1 立即練習 P.12-4

4. (1) 通過440W負載的電流為 $4\angle 0°A$

   (2) 通過220W負載的電流為 $2\angle 0°A$

   (3) $\overline{I_N} = 4\angle 0° - 2\angle 0° = 2\angle 0°A$

12-2 學生做 P.12-7

1. $\overline{Z_{th}}^* = 8 - j6(\Omega) = \overline{Z_L}$

2. $\overline{Z_\Delta} = \overline{Z_Y} \times 3 = 12 + j6(\Omega)$
   （與直流的公式相同）

3. (1) 相電壓 $V_P = \dfrac{V_L}{\sqrt{3}} = \dfrac{173}{\sqrt{3}} = 100V$

   (2) 相電流 $I_P = \dfrac{100}{10} = 10A$

   (3) 線電流 $I_L = I_P = 10A$

4. (1) 相電流 $I_P = \dfrac{110/\sqrt{3}}{|6+j8|} \approx 6.35A$

   (2) $P_T = 3 \times I_P^2 \times R = 3 \times 6.35^2 \times 6$
   $\approx 725.8W$

   (3) $Q_T = 3 \times I_P^2 \times X = 3 \times 6.35^2 \times 8$
   $\approx 967.7VAR$

5. Δ 接轉為Y接，$\overline{Z_Y} = \dfrac{\overline{Z_\Delta}}{3} = 2 + j4(\Omega)$

   $I_L = \dfrac{105\sqrt{3}/\sqrt{3}}{|2+j4+1|} = 21A$

   $I_P = \dfrac{21}{\sqrt{3}} = 7\sqrt{3}A$

6. (1) $\overline{V_{ab}} = 100\sqrt{3}\angle -30°V$
   $\overline{V_{bc}} = 100\sqrt{3}\angle 90°V$
   $\overline{V_{ca}} = 100\sqrt{3}\angle -150°V$

   (2) $\begin{cases} \overline{I_{an}} = \dfrac{\overline{V_{an}}}{\overline{Z}} = \dfrac{100\angle 0°}{10\angle 30°} = 10\angle -30°A \\ \quad = \overline{I_A} \\ \overline{I_{bn}} = \dfrac{\overline{V_{bn}}}{\overline{Z}} = \dfrac{100\angle 120°}{10\angle 30°} = 10\angle 90°A \\ \quad = \overline{I_B} \\ \overline{I_{cn}} = \dfrac{\overline{V_{cn}}}{\overline{Z}} = \dfrac{100\angle -120°}{10\angle 30°} = 10\angle -150°A \\ \quad = \overline{I_C} \end{cases}$

7. (1) $\overline{I_{ba}} = \dfrac{100\angle 120°}{10\angle 30°} = 10\angle 90°A$

   $\Rightarrow \overline{I_{ab}} = 10\angle -90°A$

   $\overline{I_{ac}} = \dfrac{100\angle 0°}{10\angle 30°} = 10\angle -30°A$

   $\Rightarrow \overline{I_{ca}} = 10\angle 150°A$

   (2) KCL：$\overline{I_A} + \overline{I_{ca}} = \overline{I_{ab}}$

   $\Rightarrow \overline{I_A} = 10\angle -90° - 10\angle 150°$

   $\overline{I_A} = 10\sqrt{3}\angle -60°A$（線電流超前相電流）

8. (1) 有效功率 $P_T = |W_1 + W_2|$
   $= 100 + (-100) = 0W$

   (2) 無效功率 $Q_T = \sqrt{3}|W_1 - W_2|$
   $= 200\sqrt{3}VAR$

   (3) $\cos\theta = \dfrac{P_T}{\sqrt{P_T^2 + Q_T^2}} = \dfrac{0}{\sqrt{0^2 + (220\sqrt{3})^2}}$
   $= 0$

12-2立即練習 P.12-10

3. (1) $\overline{V_{an}} = 220\angle 60°V$

    (2) 負相序其相電壓超前線電壓30度，因此 $\overline{V_{AB}} = 220\sqrt{3}\angle 30°V$

4. (1) a相的相電流 $\overline{I_{ab}} = 10\angle -30°A$

    (2) 線電流 $\overline{I_A} = 10\sqrt{3}\angle 0°A$

7. (1) $V_P = \dfrac{V_L}{\sqrt{3}} = 100\sqrt{2}V$

    (2) $I_P = \dfrac{100\sqrt{2}}{|4+j4|} = 25A$

    (3) $P_T = 3\times I_P^2 \times R_P = 3\times 25^2 \times 4 = 7500W$

8. $P = S\times \cos\theta \Rightarrow 1200 = S\times 0.8 \Rightarrow S = 1500VA$

10. 當功率因數為0.866，$W_1 = 2W_2$，所以另一個瓦特計為250W或是1000W。

綜合練習 P.12-13

5. (1) 平衡負載因此 $I_N = 0A$

    (2) $I_1 = I_2 = \dfrac{100+100}{1+1+(48+48)//96} = 4A$

    (3) 損失功率 $P = 2\times 4^2 \times 1 = 32W$

10. 運用迴路電流法，列出KVL方程式如下：

    $\begin{cases} 2.2I_1 - 0.1I_2 = 110 \\ -0.1I_1 + 0.2I_2 = 110 \end{cases}$

    $\Rightarrow \begin{cases} 2.2I_1 - 0.1I_2 = 110 \\ -2.2I_1 + 4.4I_2 = 2420 \end{cases}$

    $\Rightarrow 4.3I_2 = 2530$

    $\Rightarrow I_2 \approx 588.4A$

16. (1) Y接的每相電壓 $V_P = \dfrac{100\sqrt{3}}{\sqrt{3}} = 100V$

    (2) $I_L = I_P = \dfrac{100}{8+j6} = 10A$

18. (1) $P_T = 300 + (-100) = 200W$

    (2) $Q_T = \sqrt{3}|300+100| = 400\sqrt{3}VAR$

    (3) $S_T = \sqrt{P_T^2 + Q_T^2} = 200\sqrt{13}VA$

19. (1) 負載兩端取a, b兩點化為戴維寧等效電路。

    (2) $\overline{Z_{th}} = (3-j6)//j6 = 12+j6(\Omega)$

    (3) $\overline{E_{th}} = 12\angle 0° \times \dfrac{j6}{(3-j6)+j6} = 24\angle 90°V$

    (4) $\overline{Z_L} = \overline{Z_{th}}^* = 12-j6(\Omega)$

    (5) $P_{max} = 12W$

20. 惠斯頓電橋平衡， $\overline{Z_{AB}} = (4+j4)//(4+j4) = 2+j2$

21. (1) $\overline{V_{bo}} = 100\angle -120°V$

    (2) $\overline{V_{bc}} = 100\sqrt{3}\angle -90°V = 100\sqrt{3}\angle 270°V$

    （線電壓超前相對應的相電壓30°）

22. (1) 相電流 $\overline{I_P} = \dfrac{220}{11\angle 60°} = 20\angle -60°$

    (2) $P_T = 3\times 220\times 20\times \cos 60° = 6600W$

23. (1) 相電流 $\overline{I_P} = \dfrac{200}{6+j8} = 20\angle -53°A$

    (2) $P_T = 3\times I_P^2 \times R = 3\times 20^2 \times 6 = 7200W$

24. (1) $S = \sqrt{3}\times 200\times 10 = 3.46kVA$

    (2) $P = \sqrt{3}\times 200\times 10\times 0.8 = 2.77kW$

26. $P_T = 3\times I_P^2 \times R = 3\times (\dfrac{220}{30})^2 \times 30 = 4.84kW$

28. (1) $\overline{V_{AB}} = 100\sqrt{3}\angle 30°V$

    (2) $\overline{I_A} = 12\angle -37°A$

29. (1) $I_P = \dfrac{200\sqrt{3}/\sqrt{3}}{|8+j6|} = 20A$

    (2) $P_T = 3\times 20^2 \times 8 = 9600W = 9.6kW$

30. 電源負相序，故相電壓超前線電壓30°。

31. (1) $I_P = \dfrac{220}{10} = 22A$

    (2) $P_T = 3\times 22^2 \times 5 = 7260W = 7.26kW$

32. (1) 相電壓 $\overline{V_A} = \dfrac{220}{\sqrt{3}} \angle 0°V$

(2) 線電流（相電流）$\overline{I_A} = 5\angle -30°V$

(3) 兩者相角差30°。

33. $P_\Delta = 3P_Y = 3 \times 1600 = 4800\ W$

34. (1) 相電流 $\overline{I_{ab}} = \dfrac{240\angle 0°}{12\angle 60°} = 20\angle -60°\ A$

(2) 此為正相序
所以相電流超前相對應的線電流30°
$\overline{I_A} = 20\sqrt{3}\angle -90°\ A$

35. (1) 總三相功率
$P = \sqrt{3} \times V_L \times I_L \times \cos\theta$
$= \sqrt{3} \times 220 \times 10 \times 0.866 = 3300W$

(2) 每相功率為1100W

108課綱統測試題 P.12-17

1. (1) $P_T = \sqrt{3} \times V_L \times I_L \times \cos\theta$
$\Rightarrow 4.8kW = \sqrt{3} \times 400 \times I_L \times 0.6$
$\Rightarrow I_L = \dfrac{20}{\sqrt{3}}\ A$

(2) $P_T = 3 \times I_P^2 \times R_L$
$\Rightarrow 4.8kW = 3 \times (\dfrac{20}{\sqrt{3}})^2 \times R_L$
$\Rightarrow R_L = 12\Omega$

(3) 功率因數為0.6落後，所以電感抗為j16Ω

2. 負載的總消耗功率為
$P_T = 3 \times I_P^2 \times R = 3 \times 20^2 \times 3 = 3600\ W$

3. (1) 電路重新繪製如下，可得到各支路電流如下：

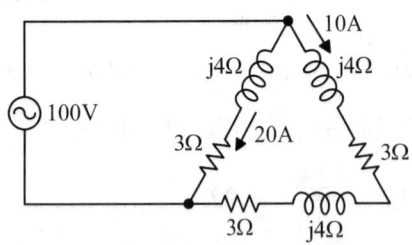

(2) 負載總消耗功率
$P_T = 20^2 \times 3 + 10^2 \times 6 = 1800\ W$

4. (1) 線電流為8.66A，則相電流為5A。

(2) 負載的總平均功率
$P = 3（三相）\times I_P^2 \times R$
$= 3 \times 5^2 \times 3 = 225\ W$

(3) 負載的總虛功率
$Q = 3（三相）\times I_P^2 \times X_L$
$= 3 \times 5^2 \times 4 = 300\ VAR$

(4) 負載的總視在功率
$S = 3（三相）\times I_P^2 \times Z_P$
$= 3 \times 5^2 \times \sqrt{3^2 + 4^2} = 375\ VA$

(5) 電壓表指示值
$I_P \times Z_P = 5 \times \sqrt{3^2 + 4^2} = 5 \times 5 = 25\ V$

5. (1) 電感性負載的相電壓為200V

(2) $S = \sqrt{P^2 + Q^2} = \sqrt{(5k)^2 + (5k)^2}$
$= 5\sqrt{2}\ kVA$（每相負載的視在功率）

(3) $S = \dfrac{V^2}{Z} \Rightarrow 5\sqrt{2}k = \dfrac{200^2}{Z_Y}$
$\Rightarrow Z_Y = 4\sqrt{2}\ \Omega$
$\Rightarrow \overline{Z_Y} = 4 + j4\ \Omega$

Chapter 13 工業安全衛生及電源使用安全

108課綱統測試題 P.13-9

1. B（Breaths）：人工呼吸，吹氣幫助呼吸。
2. D（Defibrillation）：使用自動體外心臟電擊去顫器AED電擊。

Chapter 14 常用家電量測

14-2 立即練習

6. $(60k\Omega // R) + 5k\Omega = 25k\Omega \Rightarrow R = 30\ k\Omega$

7. 此時刻度顯示25，指示值愈靠近中央（20刻度）愈好。

13. $R = 22 \times 10^3\ \Omega = 22\ k\Omega$

14. R代表單位為歐姆的電阻小數點

14-3 立即練習

6. $300 \times \dfrac{50}{120} = 125\ V$

8. 電流愈小即可偏轉至滿刻度，表示靈敏度愈好。

9. 內阻為 $250V \times 10k\Omega/V = 2500\ k\Omega$

11. (1) 電阻為 $1k\Omega \pm 10\% = 1100\Omega \sim 900\Omega$
    (2) 電流則為12mA（10.9mA～13.3mA），故應選用DCA 25mA檔位

15. 誤差百分比 $\varepsilon\% = \dfrac{測量值 - 實際值}{實際值} \times 100\%$
    $= \dfrac{10-8}{8} \times 100\% = 25\%$

綜合練習

2. 應從最大檔位開始測量。

3. 定電流模式指示燈亮起，表示超過額定負載，所以輸出大於20W。（串聯追蹤模式）

7. 量測電路的交流與直流電壓，使用時必須與待測電路並聯。

12. TRACKING功能是指副電源追隨主電源。

13. 121Ω為燈泡工作時之電阻，而在常溫時的測量值會小於121Ω（燈泡為正電阻溫度係數）

14. 橙橙棕金為330Ω ± 5% = 313.5Ω～346.5Ω

16. 誤差百分比
    $|\varepsilon\%| = \left|\dfrac{測量值 - 實際值}{實際值}\right| \times 100\%$
    $= \left|\dfrac{1.22k\Omega - 1.32k\Omega}{1.32k\Omega}\right| \times 100\% = 7.6\%$

17. $R = \dfrac{V^2}{P} = \dfrac{110^2}{1000} = 12.1\ \Omega$

19.

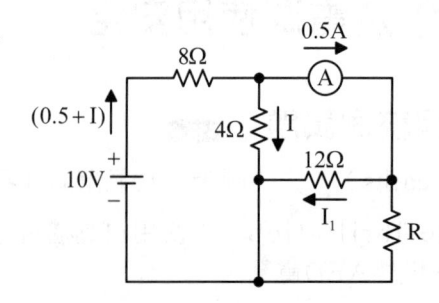

(1) 如上圖所示，假設通過4Ω的電流向下I，可以列出KVL：
$10 = 8 \times (0.5 + I) + 4I \Rightarrow I = 0.5\ A$

(2) 電阻4Ω、12Ω與R皆為並聯結構，可得
$4 \times 0.5 = 12 \times I_1 \Rightarrow I_1 = \dfrac{1}{6}\ A$

(3) 通過電阻R的電流為 $0.5 - \dfrac{1}{6} = \dfrac{1}{3}\ A$
所以電阻 $R = \dfrac{4 \times 0.5}{\dfrac{1}{3}} = 6\ \Omega$

20. (1) 電線電阻為5.65Ω/km，所以50公尺為 0.2825Ω
    (2) 插座的電壓為
    $110V \times \dfrac{27.5}{0.2825 \times 2 + 27.5}$ （分壓定則）
    $\approx 107.8\ V$

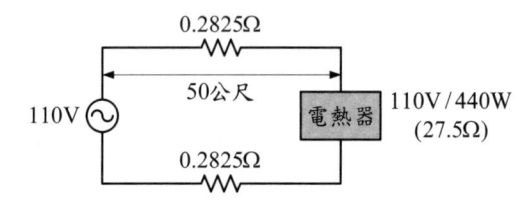

21. (1) $P = \dfrac{V^2}{R}$
    $\Rightarrow R = \dfrac{V^2}{P} = \dfrac{12^2}{55} \approx 2.62\ \Omega$
    (2) $I = \dfrac{11.8}{2.62} \approx 4.5\ A$

22. (1) $P = I^2 R \Rightarrow 250 = I^2 \times 10 \Rightarrow I = 5\ A$
    (2) $P = VI \Rightarrow 250 = V \times 5 \Rightarrow V = 50\ V$

Chapter 15 電子儀表之使用

15-2立即練習 P.15-4

1. 橙白金銀 $39 \times 10^{-1} \mu H \pm 10\% = 3.9 \mu H \pm 10\%$

15-3立即練習 P.15-7

8. 實際電壓需再乘以10倍，所以輸入電壓為30V。

9. 調整水平位置旋鈕（HORIZONTAL-POSITIOIN）

綜合練習 P.15-9

1. 電阻器與電感器是將測試棒「短路」進行歸零調整，而電容器是「開路」。

2. 電容量 $C = 10 \times 10^2 pF = 1000 pF$
   所以較有可能為1020pF

3. $502K = 50 \times 10^2 \mu H \pm 10\% = 5 mH \pm 10\%$

4. $4 \times 0.5 \times 10 = 20$ V

5. (1) 週期有4格，所以頻率
   $$f = \frac{1}{4 \times 1\mu s} = 250 \text{ kHz}$$
   (2) 峰值電壓 $V_{P-P} = 4 \times 5 = 20$ V
   (3) 有效值 $V_{rms} = \frac{V_{P-P}}{2\sqrt{2}} = 7.07$ V

8. 一個週期有8格，所以 V_1 電壓相位領先 V_2 電壓相位約45°。

9. (1) 週期為 $2 \times 2ms = 4$ ms，所以頻率為250Hz
   (2) 峰對峰電壓 $V_{P-P} = 2 \times 6 \times 10 = 120$ V

13. Ch2為三角波，其平均值為2.5V

14. (1) $V_{P-P} = 3.6$ 格 $\times 10V/$ 格 $= 36$ V
    (2) 頻率 $f = \frac{1}{T} = \frac{1}{4\text{格} \times 5\mu s/\text{格}} = 50$ kHz

22. (1) 信號的電壓的峰對峰值為
    $4DIV \times 2V/DIV \times 10 = 80$ V
    所以有效值為 $\frac{80}{2\sqrt{2}} = 20\sqrt{2}$ V
    (2) 週期 $4DIV \times 0.5ms/DIV = 2$ ms
    所以頻率 $f = \frac{1}{T} = \frac{1}{2ms} = 500$ Hz

108課綱統測試題 P.15-12

1. 精確值為 $C = 20 \times 10^3 pF = 20nF$，用LCR表量測可能造成些許誤差。

3. (1) 垂直刻度（VOLTS/DIV）為
   $$\frac{20V}{4\text{格}} = 5V/DIV$$
   (2) 水平刻度（TIME/DIV）為
   $$\frac{1/500Hz}{4\text{格}} = 0.5ms/DIV$$

4. (1) 週期共有8格，
   且角頻率157（弳／秒）的頻率為25Hz，
   所以週期為 $\frac{1}{25} = 40$ ms，
   因此，水平刻度設定為 $\frac{40ms}{8\text{格}} = 5$ ms/DIV
   (2) 峰對峰值有6格，
   弦波信號的峰對峰值為12V，
   因此，垂直刻度設定為 $\frac{12V}{6\text{格}} = 2$ V/DIV

5. $104K = 10 \times 10^4 pF \pm 10\%$
   $= 100nF \pm 10\% = 90nF \sim 110nF$

Chapter 16 常用家用電器之檢修

16-2 立即練習

1. 電熱絲為正溫度電阻係數，溫度增加，電阻變大

綜合練習

1. (C)為啟動器之功能

2. $\dfrac{140\text{m}^2 \times 20\dfrac{\text{VA}}{\text{m}^2}}{110 \times 15\text{VA}} \approx 1.69$，所以至少需要2個

3. 計算值為燈泡正常工作之電阻值，所以電阻較靜態電阻大。

5. 點亮後燈管呈現低阻抗。

6. 電子式安定器為高頻（20kHz～60kHz）瞬時啟動

13. $\dfrac{500}{1000} \times \dfrac{30}{60} \times 6 = 1.5$度電

14. $P = \dfrac{V^2}{R}$

    當功率愈小，則電阻愈大，所以當兩者串聯時，功率較小者所消耗的功率較大

15. 煮飯時所需功率較大，所以電阻較小。

108課綱統測試題

1. (1) 煮飯用電熱線的電阻

    $P = \dfrac{V^2}{R} \Rightarrow 800 = \dfrac{110^2}{R} \Rightarrow R = 15.125\Omega$

    (2) 保溫用電熱線的電阻

    $P = \dfrac{V^2}{R} \Rightarrow 40 = \dfrac{110^2}{R} \Rightarrow R = 302.5\Omega$

    (3) 煮飯時量測電源電流有效值

    $I = \dfrac{V}{R} = \dfrac{110}{15.125} \approx 7.27\text{A}$

    (4) 保溫時量測電源電流有效值

    $I = \dfrac{V}{R} = \dfrac{110}{302.5} \approx 0.36\text{A}$